水稻新品种
与高产高效栽培技术

福建省现代农业产业技术体系丛书编委会
主　任：陈明旺
副主任：陈　强　吴顺意
委　员：陈　卉　许惠霖　何代斌　苏回水　徐建清

黄庭旭　陈双龙　周　鹏　徐倩华　编著

海峡出版发行集团　福建科学技术出版社

图书在版编目（CIP）数据

水稻新品种与高产高效栽培技术/黄庭旭等编著.
—福州：福建科学技术出版社，2022.10
　　ISBN 978-7-5335-6841-2

　　Ⅰ.①水… Ⅱ.①黄… Ⅲ.①水稻栽培-高产栽培
Ⅳ.①S511

中国版本图书馆CIP数据核字（2022）第176241号

书　　名	水稻新品种与高产高效栽培技术
编　　著	黄庭旭　陈双龙　周鹏　徐倩华
出版发行	福建科学技术出版社
社　　址	福州市东水路76号（邮编350001）
网　　址	www.fjstp.com
经　　销	福建新华发行（集团）有限责任公司
印　　刷	福建省金盾彩色印刷有限公司
开　　本	700毫米×1000毫米　1/16
印　　张	11.5
字　　数	185千字
版　　次	2022年10月第1版
印　　次	2022年10月第1次印刷
书　　号	ISBN 978-7-5335-6841-2
定　　价	38.00元

书中如有印装质量问题，可直接向本社调换

前言

近年随着有效耕地的逐年减少和种植结构的调整，稻谷播种面积大幅下降，粮食安全问题日显突出。2022年，习近平总书记在看望参加全国政协十三届五次会议的农业界、社会福利和社会保障界委员时指出，在粮食安全这个问题上不能有丝毫麻痹大意，不能认为进入工业化，吃饭问题就可有可无，也不要指望依靠国际市场来解决。作为水稻科技工作者，深感肩上的责任重大。

本书力图反映目前水稻产业发展的新特点、新问题和新模式，介绍了福建省现代农业水稻产业技术体系建设选育或引进的早、中、晚稻品种，品种来源、特征特性、产量表现、栽培技术要点、适宜种植范围，着重介绍了近年水稻种植的新模式和新业态。本书可供粮食生产部门、技术推广部门、种子企业、种粮专业户和广大农民群众参考，也可作为农民教育培训教材使用。

本书共分为十九部分，各部分的撰稿人员如下：第一、第二部分，黄庭旭、徐倩华；第三部分，陈双龙、周鹏；第四、第五部分，黄庭旭、徐倩华；第六部分，陈丽娟、刘端华；第七部分，章清杞；第八部分，程祖锌；第九部分，陈双龙、叶龙荣；第十部分，陈双龙；第十一部分，叶龙荣；第十二部分，谢旺有、陈锦文；第十三部分，陈双龙；第十四部分，陈若平；第十五部分，邱凤秀；第十六部分，陈建民；第十七部分，陈俊长；第十八、第十九部分，刘国坤、张绍升。全书由黄庭旭统稿。

  本书在编写过程中，得到了福建省财政厅教科文处、福建省农业农村厅科技教育处、福建省农业科学院水稻研究所等单位及领导的大力支持和帮助，在此谨致谢忱。

  由于编写时间较为匆促，误漏在所难免，恳请读者批评指出，以便再版时补充修改。

作者

目录

一、概述　　1
（一）水稻在粮食生产中的地位……………1
（二）稻作制度类型……………………………1

二、水稻生育进程　　4
（一）水稻发育特性及其在生产上的应用……4
（二）分蘖期生育特点…………………………7
（三）拔节孕穗期生育特点……………………11
（四）抽穗结实期生育特点……………………14
（五）水稻产量形成原理………………………16

三、水稻品种布局　　19
（一）选择品种原则……………………………19
（二）福建省水稻品种布局……………………20
（三）水稻主推品种简介………………………21

四、水稻育秧与移栽技术 — 60

（一）播种期选择 …………………………… 60
（二）培育壮秧与移栽技术 ………………… 62

五、稻田施肥与灌溉技术 — 67

（一）水稻需肥与施肥 ……………………… 67
（二）水稻需水与灌溉 ……………………… 70

六、再生稻高产栽培技术 — 72

（一）再生稻生育特点 ……………………… 72
（二）再生稻高产栽培配套技术 …………… 74
（三）再生稻全程机械化栽培配套技术 …… 77

七、水稻直播栽培技术 — 83

（一）直播稻类型与生育特点 ……………… 83
（二）直播稻高产栽培配套技术 …………… 84

八、水稻软盘育秧抛栽技术 — 89

（一）抛秧稻生育特点 ……………………… 89
（二）软盘育秧抛栽技术要点 ……………… 90

九、水稻全程机械化生产技术 — 95

（一）水稻工厂化育秧技术 ………………… 95
（二）机械化插秧（施肥）技术 …………… 96
（三）植保无人机防治水稻病虫害技术 …… 98
（四）水稻机械化收割技术 ………………… 99
（五）稻谷机械化烘干技术 ………………… 100

十、籼粳杂交稻品种超高产栽培技术 — 101

（一）籼粳杂交稻品种主要特性及推广情况 ‥ 101
（二）籼粳杂交稻品种超高产栽培技术 …… 102

十一、优质稻保优栽培技术　　104
（一）影响优质稻米质的因素　　104
（二）保优栽培技术要点　　106

十二、高海拔山区优质稻提质高效栽培技术　　109
（一）高海拔山区优质稻生产特点　　109
（二）高海拔山区优质稻提质高效栽培技术要点　　110

十三、稻田农旅融合提质增效技术　　113
（一）稻田农旅融合模式　　113
（二）稻田农旅融合提质增效技术要点　　113

十四、稻鸭种养技术　　117
（一）稻鸭种养技术的田间工程　　117
（二）水稻生产技术要点　　118
（三）鸭子养殖技术要点　　119
（四）稻鸭共作期管理　　120
（五）稻鸭收获销售　　121

十五、水稻冬种紫云英化肥减量栽培技术　　122
（一）紫云英压青还田作用　　122
（二）冬种紫云英栽培技术要点　　123
（三）后茬水稻水肥管理　　124

十六、杂交稻母本直播制种技术　　125
（一）播期安排　　125
（二）母本用种量　　125
（三）大田准备　　125
（四）大田播种　　126
（五）大田管理　　127
（六）花期调节　　128
（七）喷施九二〇　　128

（八）杂草与病虫害防治 …………………… 129
　　（九）除杂保纯 …………………………………… 129
　　（十）种子收获 …………………………………… 130

十七、杂交水稻制种母本机械化育插秧技术　131

　　（一）杂交水稻制种母本机械化育秧 ………… 131
　　（二）杂交水稻制种母本机械化插秧 ………… 134

十八、水稻主要病虫害防治技术　137

　　（一）水稻病害 …………………………………… 137
　　（二）水稻虫害 …………………………………… 156

十九、稻田杂草化学防除技术　170

　　（一）稻田主要杂草种类 ………………………… 170
　　（二）稻田杂草为害特点 ………………………… 172
　　（三）稻田杂草发生规律 ………………………… 172
　　（四）各类型稻田化学除草 ……………………… 173
　　（五）稻田化学除草关键技术 …………………… 175

一、概述

（一）水稻在粮食生产中的地位

水稻是世界上重要的粮食作物，全世界栽培面积和总产量仅次于小麦。我国是世界上水稻生产与消费大国，稻作面积仅次于印度，但稻谷总产量居世界产稻国之首。全国65%以上人口以稻米为主食，85%以上的稻米是作为口粮消费，在我国城乡居民口粮消费总量中，稻谷年消费量达1.75亿吨。

稻米的营养价值较高。在一般精白米中，含水分12.9%，淀粉77.6%，蛋白质7.3%（少数品种高达12%~15%），脂肪1.1%，粗纤维0.3%，灰分0.8%。稻米的淀粉粒很细，蛋白质中含有营养价值很高的赖氨酸和苏氨酸，粗纤维含量很少。在各种营养成分里，有70%以上可被消化、吸收，很适于人们食用，也适于制作副食品。

我国水稻主要产区分布在南方，其气候适于水稻生长。以福建为例，福建省地处亚热带，属亚热带湿润季风气候，气候温和，年平均气温大部分在18~21℃，一年中高于10℃的积温多达5000~7700℃，无霜期250~336天。雨量充沛，雨热同步。年降水量自东南至西北为1100~2200毫米，且80%的雨量集中在每年水稻生长季的3~10月份内；日照充足，太阳辐射也较多，年日照时数有1700~2300小时，日照率40%~56%，全年太阳总辐射量达440~530千焦/厘米^2。这些都十分有利于水稻生长，多数地区都适于水稻的双季栽培。

（二）稻作制度类型

新中国成立后，我国稻作耕作制度进行了3次重大改革。以福建为例，说明如下。

1. 单季改双季

福建省属亚热带季风气候区，春季回温早，光温资源丰富，适合双季稻生产。早稻生长季节温度由低到高，温、光、水条件较理想，稻田土壤经过冬种或犁翻，物理结构和矿物养分均有所改善，有利于生物产量和经济产量的形成。20世纪50年代中后期开始在闽西北、闽东北内陆山区推行单季改双季；沿海平原地区在扩种双季稻的同时，实行间作稻改连作稻。

2. "三改"

20世纪70年代以后实行第二次改革，即单季改双季、间作改连作、高秆品种改矮秆品种为主要内容的稻田耕作制度改革。"三改"后，福建省双季稻面积有了明显的发展，基本实现连作稻化。经过十几年的摸索，已经形成一套比较完善的"两季配套，全年丰收"的栽培技术。

3. 优化结构

进入20世纪90年代，我国农业由单纯追求高产向高产、优质、高效的"两高一优"农业方向发展，这是我国农业发展史上的一次重大转折。为适应这一新形式和新变化，福建省稻作制度也进入了一个新的发展阶段，即结构优化阶段。重点是以实施"高优"农业为核心，提高稻田经济效益，促进农民增收。近年来，福建省稻田耕作制主要有以下几种类型。

（1）稻田三熟制

稻田三熟制主要有肥—稻—稻、油—稻—稻的模式。个别地区有豆（蚕豆或豌豆）—稻—稻、麦—稻—稻、马铃薯—稻—稻等模式，但由于这些模式经济效益较差，2000年以后种植面积下降较快，特别是麦—稻—稻现已基本消失，取而代之的是以下几种模式。

①双季稻为主的多熟制。有稻—稻—菜、稻—稻—马铃薯、稻—稻—豆、稻—稻—牧草、稻—稻—菌等模式，以稳定粮食为主，适当扩种经济作物，增加收入。

②两旱一水三熟制。以一季早、中稻为基础加两季旱作物（一季冬作物，一季春作物；或一季冬作物，一季秋作物）组成的三熟制。常见的有冬作—早稻—

晚旱作（玉米、豆类、薯类等），包括冬菜—早稻—玉米＋大豆（或甘薯）、蚕豌豆（或绿肥）—早稻—甘薯（或菜豆）、烟—稻—菜等模式。两旱一水耕作制在适当减少或压缩水稻种植面积的前提下，扩大经济作物的种植面积，对增加农产品多样性、改善土壤理化和生物学结构、培肥土壤地力和提高经济效益等均具有明显效果，近几年发展较快。

（2）水旱轮作菜稻多熟制

水旱轮作菜稻多熟制主要在水源和热量资源较丰富的平原区。闽西北的南平、三明、龙岩等地，主要有瓜—稻—菜、菜—稻—菜、瓜—中稻—马铃薯、马铃薯—春花生—水稻、青饲料—玉米—稻、春烟—稻—菜、春玉米—晚稻—菜、中稻—菜—菜、春烟（套种西瓜）—晚稻—菜、春花生—晚稻—马铃薯（菜）、早稻—秋花生—菜等模式；在宁德、福州、莆田、泉州、漳州、厦门等地，主要有荷兰豆—稻—豌豆、豆—稻—豆、冬瓜—稻—花菜、马铃薯—稻、稻—毛豆—马铃薯等模式。以种植经济作物为主，结合一季水稻，实行水旱轮作耕作方式，既可增加全年收入，又可增加一季水稻的产量。

（3）再生稻相关的多熟制

在福建省，与再生稻相关的多熟制主要在三明、南平等再生稻种植区推广应用，有早稻—再生稻—青花菜—马铃薯、早稻—再生稻—蔬菜、早稻—再生稻—油菜、早稻（早中稻、中稻）—再生稻等模式。这些模式能充分利用温光资源，以培植再生稻为核心，连作一季经济作物，做到粮食与产值双增收。

（4）稻渔、稻鸭模式

稻渔综合种养是近年发展起来的农业新业态新模式，不仅有利于稳定粮食产量、改善稻田土质，而且兼顾了粮食安全和农业效益。稻渔综合种养能稳定水稻生产，实现一水两用、一地双收，蕴含着中国农业的智慧，其理念在我国历史悠久。

稻鸭种养模式是一项种养复合、生态型的综合农业技术，利用在稻田中放养的鸭群来捕食螺类、稻虫和杂草，粪便还田，可大大降低水稻病虫害的发生，减少肥料的施用量。

二、水稻生育进程

水稻子房受精完毕,便开始新的世代。但在栽培上,通常把种子萌发至新种子成熟,称为水稻的一个生育周期。水稻的生长包含营养生长和生殖生长。前者进行根、茎、叶营养器官生长,后者指穗、花、果生殖器官的发育。因此,分别以茎的生长锥开始进行幼穗分化和抽穗为界,把水稻的生育期分为营养生长期、营养生长和生殖生长并进期、生殖生长期三个时期。

营养生长阶段是播种到稻穗分化之前的一段时期,通常叫做生育前期。这一生育阶段主要长根、出叶和分蘖,建成营养器官如根、叶、分蘖等。

营养生长与生殖生长并进阶段是从稻穗开始分化到抽穗以前的一段时期,通常叫做生育中期,也叫做长穗期。这个阶段除营养器官如根、茎、叶等继续生长外,主要茎秆伸长、幼穗形成。

生殖生长阶段是从稻穗抽出到新种子成熟的这段时期,通常叫做生育后期,也叫结实期。这个阶段主要抽穗、开花、结实,形成新的成熟种子。

(一)水稻发育特性及其在生产上的应用

1. 水稻"三性"

水稻在经过一段时间的营养生长以后,在一定的条件下,通过一系列的复杂变化,逐渐转向生殖生长,这个转变过程可称为发育。水稻的发育十分明显地表现在茎端生长点的质变上。水稻茎端生长点发生质变的原因及其发生早迟的条件,这就是水稻的发育特性问题。

水稻茎端生长点质变发生与否和早迟,既为品种的遗传性所决定,又在很大程度上受环境条件的影响。支配这种质变发生与早迟的因素主要有三:一是稻株本身的基本营养生长期,二是温度条件,三是光照的长短,通称为水稻的"三性"。不同地区和不同栽培季节，水稻品种生育期的长短，从出苗到抽穗日数，基本上决定于品种"三性"的综合作用。

（1）水稻品种的感光性

水稻起源于热带和亚热带的沼泽地区，系短日照性植物。日照时间缩短，可加速其发育转变，使生育期缩短；日照时间延长，则可延缓发育转变，甚至不转变，使生育期延长或长期处于营养生长状态而不抽穗、开花。水稻的这种因日照长短的影响而改变其发育转变，缩短或延长生育期的特性，称为感光性。一般晚稻品种，其感光性较强，属于对日长反应敏感的类型；而早稻品种，其感光性较弱，属于对日长反应迟钝或无感的类型。

（2）水稻品种的感温性

各类水稻品种在其适于生长发育的温度范围内，高温可加速其转变，提早抽穗；而较低温度可延缓其发育转变，延迟抽穗，使生育期延长。水稻因温度高低的影响而改变其发育转变，缩短或延长生育期的特性，称为感温性。

（3）水稻的基本营养性

水稻的生殖生长是在其营养生长的基础上进行的，其发育转变必须有一定的营养生长作为物质基础。因此，即使是稻株处在适于发育转变的短日、高温条件下，必须有最低限度的营养生长，才能完成发育转变过程，开始幼穗分化。水稻进行生殖生长之前，不受短日、高温影响而缩短营养生长期，称为基本营养生长期或短日高温生育期。不同水稻品种的基本营养生长期长短各异。这种基本营养生长期的长短的差异特性，称为品种的基本营养性。至于营养生长期受短日、高温缩短的那部分生长期，则称为可消营养生长期。

2. 水稻"三性"特点

早稻是由晚稻演变而来的短日照不再敏感的变异型。一般早稻品种都具有基本营养生长性小、感光性弱、感温性较强的特点。因此，早稻生育期的长短主要决定于温度的高低。

晚稻品种一般都具有基本营养生长性小，而感光性、感温性都强的特点。其生育期的长短，主要决定于日照的长短，同时又受温度高低的影响，光、温联应效果甚为明显，只能在短日、高温条件下完成发育转变，开始幼穗分化。

中稻品种在"三性"特点上是晚稻和早稻的过渡类型。中稻的早、中熟品种，其"三性"特点偏于早稻，迟熟品种则偏于晚稻。中稻的基本营养生长期都比早稻长。

在我国水稻生产实践中，早稻品种可作早稻和晚稻栽培，而晚稻品种只能作晚稻栽培。这是因为早稻的感光性迟钝，感温性敏感；晚稻的感光性敏感，感温性也敏感，但它的感温性要在短日条件下才能明显表现出来。

3. 水稻"三性"在生产中的应用

（1）在引种上的应用

不同地区的生态条件互有差异，在相互引种时必须考虑品种的光温反应特性。凡对温、光反应钝感而适应性广的品种，只要生育季节能够保证，且能满足品种所要求的有效积温，引种一般会成功。

不同纬度地区之间的引种，从南到北的温度由高到低，日照由短变长，所以南种北引会延迟成熟，要考虑是否能安全齐穗的问题；北稻南引将提早成熟，营养生长期缩短，要考虑是否能高产的问题。

从低海拔地区向高海拔地区引种（低种高引），由于高海拔地区温度较低，品种发育延迟，生育期也相应延长，因而以引种早熟品种为宜。相反，高种低引则应引种晚稻品种较为适宜。

在纬度、海拔大体相同的地区，因两地的光温条件大体相同，相互之间引种的品种生育期变化较小，引种较易成功。

（2）在栽培上的应用

为满足各类稻田耕作制度对水稻品种搭配、播插期安排等的要求，以保证高产稳产，同样需要考虑品种的光温特性。如福建南部稻区双季稻制度，为了保证全年水稻高产，早稻品类型原则上应选感光性弱、感温性中等，而短日高温生育期稍长的迟熟早稻品种。迟熟品种要求有效积温较多，较耐迟播迟栽，秧龄稍长不易老化拔节；而早熟品种由于全生育期所需有效积温较少，感温性较强，短日高温生育期缩短，如育秧期间温度偏高未能及时揭膜，插入大田易早穗，产量难以提高。因此，在栽培上应注意培育适龄嫩壮秧，并加强本田前期管理，争取在短期内发足所需的苗数。早稻品种"翻秋倒种"作晚稻栽培，更应注意控制秧龄，加强前期管理，以防高温季节发育加快，营养生长期缩短而导致减产。

（3）在育种上的应用

在进行水稻杂交育种时，为了使两亲本花期相遇，可根据亲本的光温反应特性加以调控。如对感光性强的亲本适当迟播或者进行人工短日处理，促使提早出穗、开花。同样，也可以对另一亲本延长光照时间，使出穗、开花延迟，借以调节两亲本的花期。另外，为了缩短育种进程，或者加速种子繁殖，育种工作者多利用海南等地的秋、冬季节短日高温条件进行"南繁"。

（二）分蘖期生育特点

分蘖期是水稻分蘖、根系、叶片等营养器官的产生和增殖时期，是以分蘖为中心的营养生长期，也是决定穗数的关键时期。在这个时期，水稻的地上部、地下部都以"横向"生长为主，为后面的生殖生长打下基础。此期，在稻体内表现出以氮素代谢为主的生育特点，对氮素营养要求较高，要供应充分的氮素营养。

1. 分蘖的发生

水稻主茎一般有12~19个节，除上部3~5个节伸长以外，其他的都集中于基部。最上部节称穗颈节。除穗颈节外，每个节上都生长1片叶，每片叶的叶腋内都有1个腋芽，在适宜的条件下都可以形成一个分蘖。因此，水稻分蘖是茎节叶腋内的腋芽发育而形成的。在正常的栽培条件下，基部的1~3个节，由于移栽或营养不良等因素不产生分蘖，只长根系，从第四五节开始有分蘖产生。地上部3~5个伸长节的腋芽，一般不产生分蘖。伸长节间从基部向上逐渐变长，最上部节间（穗颈节间）最长。生产中基部第一、二节间的长度及充实度与倒伏密切相关，短而粗的节间有利于抗倒伏。

分蘖自下而上发生。先出现的分蘖，出生早，营养生长期长，具有茎粗、根多、叶多、穗大的特点，称为低节位分蘖。后出生的分蘖，出生迟，营养生长期短，表现为茎细、根少、叶少、穗小，称为高位分蘖。从主茎上生长出来的分蘖称第一次分蘖，从第一次分蘖上长出来的分蘖称第二次分蘖，依此类推。

（1）叶蘖同伸关系

水稻分蘖发生的时期与其母茎的出叶期有密切的关系。当某一分蘖发生时，该分蘖着生节位以上的第三片叶也同时抽出。例如，当主茎第四叶抽出时，第一叶位的叶腋即发生分蘖；当第五叶抽出时，第二叶位的叶腋发生分蘖……可见所有第一次分蘖的第一叶与该分蘖着生节位以上的第三个节位的主茎叶同伸。第二次、第三次分蘖的发生与其母茎出叶的时间关系也是如此。

分蘖的第一叶出现后，其后各叶的出现也和母茎的出叶速度保持一致。这些同时出现的分蘖和叶片，分别称为同伸分蘖和同伸叶。这种现象称为叶蘖同伸规律（也叫同伸现象或同伸关系）。

同伸蘖是否发生取决于品种和栽培环境。常规稻一次分蘖占多数；杂交稻第一、二次分蘖均多，还有少数三次分蘖。

（2）有效分蘖与无效分蘖

分蘖依能否成为有效穗分为有效和无效分蘖。由于分蘖出现3片叶时分蘖鞘节根伸出，才具有独立生活能力，当群体中个体间竞争激烈时，4片叶2层根的分蘖更具竞争优势。因此，拔节穗分化开始时，不到3～4叶的分蘖便可能转入滞后群。田间诊断时可从4个方面进行综合判断：一是叶片数3～4片，4～5条根；二是株高相当主茎的2/3；三是出叶速度与主茎同步；四是心叶和下位展开叶的叶尖距大于1/2展开叶。在田间控制上，欲控制某节位的分蘖出生，必须在其伸出前2个叶龄期施加影响。

（3）影响分蘖的因素

①品种。不同品种类型分蘖能力有强弱之分。生育期、主茎叶片数也是决定分蘖力强弱的重要因素。一般大穗型品种或高秆品种分蘖力小于中、小穗或矮秆品种；杂交稻分蘖力大于常规稻。同一水稻品种，早播早插，延长营养生长期，有利分蘖发生。

②温度。分蘖的最低温度是气温15～16℃，水温16～17℃；最适温度气温30～32℃，水温32～34℃；最高温度气温38～40℃，水温40～42℃。在分蘖期内日平均温度22℃、最高温度27℃即可满足分蘖要求。

③光照。对分蘖也有重要影响。当光强降低为饱和量的50%时便严重降低分蘖数，5%时发生死蘖现象。

④水分。分蘖期是水稻对水分的敏感时期，土壤水分过多或过少都会影响分蘖发生。一般要求土壤持水量在80%以上，才有利于分蘖。深水灌溉（水层超过8厘米）使分蘖节处在光照弱、氧气不足、温度低的条件下，抑制了分蘖；若水分小于最大田间持水量的70%时，对分蘖也有抑制作用。栽培上常采用烤（搁）

田来控制无效分蘖的产生。

⑤矿质营养。氮、磷、钾对分蘖的影响最明显。水稻分蘖期稻体内三要素的临界量分别是氮2.5%、五氧化二磷0.25%、氧化钾0.5%。叶片含氮量为3.5%时分蘖旺盛，2.5%以下则分蘖减少，1.6%以下不能分蘖甚至死亡；叶片含钾量在1.5%时分蘖顺利，0.5%以下则分蘖减少，甚至死亡；叶片含磷0.2%以上有利于分蘖，小于0.03%则分蘖减少，甚至死亡。氮、磷、钾三元素配合施用，对增加分蘖的效果更为显著。

⑥插秧深度。分蘖节集生于地表下3~4厘米的位置上，如果插植过深，则首先形成地下茎，消耗了营养，推迟了分蘖，分蘖最终也要在地表下3~4厘米的位置上发生。因此，壮秧浅插有利分蘖。另外，品种特性、生育期、主茎叶片数也是决定分蘖力强弱的重要因素。

2. 叶片的生长

稻叶可分为芽鞘、不完全叶及完全叶。完全叶由叶鞘、叶片及叶枕等构成。水稻主茎叶片数因品种、生育期长短而不同：生育期90~125天的早稻，有10~13片叶；生育期125~150天的中稻，有14~17片叶；生育期在150天以上的晚稻，总叶片数在17叶以上。

（1）出叶速度

水稻的出叶速度受环境条件的影响较明显，温度、营养水平、栽培密度均能影响出叶速度。在32℃以下，温度越高出叶速度越快。水稻各叶出叶的间隔时间，随着生育期的进程而延长：离乳期前后出生的3片叶，出叶的间隔时间为3天左右；分蘖期出生的叶，一般为5~6天；生殖生长期出生的最后3片叶，为7~9天。叶片的长度随着叶位的上升而增长，到倒数第二片至第四片叶达到最长，再往上的叶片又依次减短。不同叶位叶片的寿命是不同的：早期叶片的寿命短，后期叶片的寿命长。最先出生的1~3片叶的寿命只有10多天，而最后出生的叶可达50天以上。

（2）叶色

叶色指水稻叶片颜色的深浅，即所谓的"黑"和"黄"变化，可以反映稻株的生理状态。"黑"说明含氮量高，以氮代谢为主，光合产物用于新生器官生长，储存少。"黄"指由浓绿转淡，表明以碳代谢为主，叶含氮量少，光合产物贮存较多，新生器官生长慢。"黄"是处于生长中心转移时期，"黑"是处于某生长中心旺盛生长期。叶片颜色变化比叶鞘颜色大，因此常用功能叶片和叶鞘颜色作比较，以判断代谢类型：如处于氮代谢类型的叶色深于叶鞘，处于碳代谢类型的则相反，过渡类型的二者颜色接近。

水稻叶片是水稻有机养分的生产基地，其光合量占植株总光合量的90%以上。叶鞘是植株主要的贮藏器官之一，贮藏的主要物质是淀粉，稻谷产量的一部分是由抽穗以前叶鞘内的储存物质转运过来的。

3. 根的生长

（1）根的生长与分布

水稻的根系由种子根和不定根组成。种子根仅1条，种子萌发时由胚根向下延伸形成，垂直向下生长。不定根是其节上发生的根，也称节根或冠根，包括胚轴上的芽鞘节、不完全叶节和完全叶节上发生的根。种子根是稻种发芽出苗时水分与养分的主要吸收器官。随着不定根的发生，种子根的生长与作用越来越弱。不定根是全生育期中根系的主要部分，因而水稻根系属须根系。稻根有多级分枝，但只有一、二级根上根毛较多。各时期的根有白、黄、棕、黑、灰等颜色，这是诊断、确定土壤氧化还原状态、掌握排灌技术的重要根据。

（2）根的通气组织

在水稻三叶期，根形成通气组织。通气组织位于成熟区皮层部分的气腔。幼根成熟区表皮在根毛枯死后常脱落，皮层细胞的最外层即替代表皮成为外皮。随着根的老化，以致外皮也死亡而脱落。外皮层栓化覆盖根外，若这层细胞死亡或脱落，邻接的皮层细胞便增厚转化作为保护的机械组织，这时辐射排列的皮层细胞部分收缩解体形成大的气腔。此气腔与茎、叶的气腔相通，形成上下贯通的通气组织。

（3）影响根系生长的环境条件

①土壤温度。水稻根系生长发育的最适温度为25～30℃，最低为12℃，最高为40℃左右。温度高于37℃，对发根有严重的抑制作用，温度低于10℃时不发根且根系也停止生长。

②土壤水分和通气状况。水稻根际土壤中氧气含量是影响根生长的首要因子。排灌良好的通气土壤有利于根的形成和伸长，根系多而分布较广，有利于根系对水分和矿质营养的吸收，地上部分生长健壮。在长期淹水条件下，土壤氧气

不足，根只能在表面上生长，这样分枝根少，根毛少，扎根不好。同时，由于土壤通透性差，造成氧气不足，许多有机物在嫌气状态下分解，产生还原性物质，如硫化氢、二氧化碳、有机酸、甲烷等，促使根系发黑霉烂，影响根系吸收。生产上常用"白根有劲，黄根有病，黑根送命"来描述根系的发育状况。

③土壤营养。基肥较多而追肥少时，分布于土壤下层的根系则多；反之，因追肥多促进了高位根及其分支的发生，分布于上层的根则多。磷钾肥丰富，则根的数目多且较长。稻的茎部含氮量达到 1% 以上时发根良好；茎部含氮量小于 0.75%，说明营养水平不够，发根就会受到影响。

④耕作层的深浅。耕作层深厚，保水保肥的能力强，有利于根系生长。

（三）拔节孕穗期生育特点

拔节孕穗期是营养生长和生殖生长并进的时期。在这个时期，最后 3 片叶开始生长，茎秆在形成、伸长，支根大量发生、生长。与此同时，稻穗迅速分化。拔节孕穗期是决定每穗粒数的关键时期，也是单位面积上穗数的巩固时期，又是千粒重的决定时期。

1. 茎秆生长发育

（1）茎秆的伸长（拔节）

水稻主茎在分蘖期间呈休眠状态，到分蘖终止期才开始伸长。田间有 50% 的植株的主茎伸长 1~2 厘米，外形由扁变圆的时期称为拔节期。水稻通常有 4~7 个伸长节间，下部节间短而粗，上部细而长，以穗颈节为最长，节间的长短、粗细与水稻抗倒性密切相关，特别是基部第一、二节间对抗倒强度关系很大。

（2）茎秆的伸长与幼穗分化的关系

水稻地上部伸长节间的数目（包括穗梗在内）有 4~7 个，一般早稻多数有 4 个节间，中稻多数有 5 个节间，晚稻多数有 6~7 个节间。无论水稻地上部明显伸长的节间有几个，由于幼穗分化一般都是与倒数第五节间的伸长同时开始的，所以拔节与穗分化之间的关系，主要是由该品种伸长节间的数目所支配的，这样就有以下 3 种情况。

①先穗分化后拔节。一般主茎有 4 个伸长节间，在茎的最下一个伸长节间

（即第四个节间）伸长时，幼穗已经开始分化。

②拔节与穗分化同步。一般主茎有5个伸长节间，在茎最基部的第五个节间开始伸长的同时，幼穗也开始分化。

③先拔节后穗分化。一般主茎有6个或7个伸长节间，在主茎基部最下一个伸长节间（第六个或第七个节间）伸长时，幼穗尚未分化。

在生产上，由于上述类型的不同，栽培措施也应有所不同。如早稻幼穗分化在拔节之前，前期分蘖肥必须早施、重施，而穗肥一般轻施；单季晚稻由于拔节后才开始幼穗分化，后期易脱肥，应特别注意穗肥的施用。

2. 稻穗发育

（1）稻穗的形态

稻穗是圆锥花序，着生在穗颈节上，由穗（主）轴、第一次枝梗、第二次枝梗和小穗组成。稻穗的长度一般在20厘米左右。

（2）稻穗的发育过程

水稻完成了一定的营养生长之后，茎的生长锥便转入幼穗分化，形成稻穗。稻穗发育是一个连续的过程，为了应用上的方便，常把它分为若干个时期，常划分为8个时期（表2-1）。

表2-1 幼穗发育进程的器官诊断指标

穗发育进程	伸长器官 叶片	伸长器官 节间	穗发育期出叶程度 叶位	穗发育期出叶程度 出叶程度	茎生叶龄 4片茎生叶品种	茎生叶龄 5片茎生叶品种	茎生叶龄 6片茎生叶品种	叶龄余数
苞分化	倒3	倒5	倒4	0.5～0.7	—	1.5～1.7	2.5～2.7	3.3～3.5
一次枝梗分化	倒3	倒5	倒3	0～0.2	—	2～2.2	3～3.2	2.3～3.0
二次枝梗分化	倒2	倒4	倒3	0.5～0.7	1.5～1.7	2.5～2.7	3.5～3.7	2.2～2.5
颖花分化	倒2	倒4	倒3	1.0	2.0	3.0	4.0	2.0
雌雄蕊分化	倒1	倒3	倒2	0.5～0.7	2.5～2.7	3.5～3.7	4.5～4.7	1.3～1.5
花粉母细胞形成	—	倒2	倒1	0.3	3.3	4.3	5.3	0.7
减数分裂	—	倒2	倒1	0.7	3.7	4.7	5.7	0.3
花粉内容物充实	—	倒1	倒1	1.0	4.0	5.0	6.0	0
花粉成熟	—	穗下	—	—	—	—	—	—

注：表中后4列数值指叶片数。

（3）幼穗发育的田间鉴定

鉴定稻穗发育期，在水稻栽培过程有着重要的意义。例如，根据幼穗发育进程，及时采取相应的田间管理措施，促进穗大粒多；也可以根据穗发育来预测抽穗期，为后作的生产安排提供依据。

①根据幼穗外观。一期看不见（2~3天），二期苞毛现（4~5天），三期毛丛丛（3天），四期粒粒现（4~5天），五期颖壳分（2~3天），六期粒半长（2天），七期穗微绿（7~8天），八期即出穗（3~4天）。

②根据幼穗和颖花的长度推算。当幼穗能够开始辨认时为第二次枝梗分化初期，幼穗长1毫米时为颖花分化期（三期），0.5~1.0厘米时为雌雄蕊形成期（四期），1.5~5.0厘米时为花粉母细胞形成期（五期），5~10厘米时为减数分裂期（六期）。

③叶龄余数。叶龄余数是指未抽出的叶片数，可作为鉴定稻穗分化时期的根据之一。常根据倒3叶出现期进行推测。

④根据拔节期推算。当早稻第一个节开始生长时，处于二次枝梗和颖花原基分化期；中稻拔节时，幼穗分化开始；单季稻第二个节间生长时，幼穗分化刚开始。这种方法对早中晚稻幼穗分化的预测有一定的实用性。

（4）影响稻穗发育的环境因素

①温度。幼穗分化的最适温度为30℃左右，而以昼温35℃、夜温25℃更有利于成大穗。温度若低于20℃，穗发育就会受到影响，尤以减数分裂期最敏感。此时若遇到日平均温度20℃（常规稻）或23℃（杂交稻）以下的低温，会引起大量颖花退化，严重的甚至危害雄蕊及花粉的发育。稻穗发育的最高温度为40~42℃，高温对稻穗发育影响最为严重的时期也是减数分裂期。因此，在减数分裂期受到低温和高温危害，都将引起颖花的大量败育和不孕。

②水分。幼穗分化开始到抽穗，是水稻一生生理需水最多的时期，尤其以花粉母细胞减数分裂期对水分最为敏感。因此，在幼穗分化期要求田间最大持水量保持在90%以上，一般以浅水灌溉较为适宜。如果田间缺水受旱，则会影响水稻正常生理活动，不利于颖花发育。相反，如果水稻受淹，稻穗也会出现畸形，其受害程度与淹水时间和稻株浸水程度、受淹部位有关。

③营养。幼穗分化与发育，需要消耗大量的营养物质。这时如缺乏营养，将对幼穗分化产生不利影响，其中以氮素营养对幼穗分化的作用最为明显。生产上

往往在抽穗前 30~40 天即第一苞分化期施肥，以促进颖花分化，增加二次枝梗数。这个时期施用的肥料常称为促花肥。在抽穗前 10~20 天，即雌雄蕊形成期至花粉母细胞减数分裂期施肥，可防止颖花败育，确保粒多。这时施用的肥料称为保花肥。

④光照。增强光照和延长日照时间，能提高光合作用的效率和强度，满足穗发育过程对有机养分的需要。如在穗分化时低温阴雨，日照少，或者稻株封行过早，田间郁闭，都会造成枝梗及颖花的败育。因此，生产上必须合理密植，并适当地控制后期分蘖和最后一、二叶的长度，为稻穗正常发育提供良好的光照条件。

（四）抽穗结实期生育特点

水稻的稻穗形成后，生殖生长已经上升到主导地位，经过抽穗、开花、受精、灌浆，形成种子。在这个阶段，根部大量吸收养料、水分，叶片的光合产物以及茎秆叶鞘中积累的养分都向穗部转运。这个时期是决定粒重、结实率的关键时期。在栽培上，通过一系列措施来养根、保叶，以提高水稻每穗实粒数和粒重。

1. 抽穗

水稻的幼穗分化、发育完成后，稻穗通过上部节间的迅速伸长，从剑叶的叶鞘中抽出 1 厘米以上，称为抽穗。稻株抽穗顺序通常是从主茎上的主穗先抽出，然后按各次分蘖发生的先后依次抽出分蘖穗。在正常情况下，一个稻穗从穗顶露出剑叶叶鞘到整个穗子全部抽出，早稻需 3~4 天，晚稻需 4~5 天。而全田自始穗到齐穗，早稻一般需 5 天左右，晚稻需 7~10 天。抽穗时，由于低温或肥水不足常造成稻穗不能全部抽出，生产上把这种现象称为包颈现象。被包住的这部分穗常不能结实，最后形成秕粒、空壳。

2. 开花

水稻为自花授粉作物。在正常情况下，稻穗抽出的当天就能开花。整个开花过程需 1~2 小时。温度对开花时间的长短影响较大，如中午温度高时开花，从开花到闭花时间短，有时可少于 30 分钟；如早晨温度低时开花，从开花到闭花时间长，有时可达 2 小时以上。

水稻的开花顺序常为：同一稻株先主茎后分蘖，先低位分蘖后高位分蘖；同一稻穗，最上部枝梗先开花，依次向下。同一枝梗，顶端颖花先开花，以后是枝梗基部的一朵颖花开放，然后依次向上开，顶端第二朵颖花开得最迟。通常把开花早的小穗称为强势花；开花迟的称为弱势花，弱势花易形成秕壳。在正常的气候情况下，早稻在抽穗的当天开始开花，时间集中在当天和第二天，以第二天开花最多。第一朵颖花开放到最后一朵颖花开完需 4~5 天，开花快而集中。晚稻开花集中在抽穗后第二天至第四天，以第二、三天为最多，全部开完需 6~7 天时间，开花过程快而分散。一天中开花时间与气候条件密切相关，气温低开花迟，气温高开花早。通常开花时间多从上午 7~9 点开始，10~12 点前后为开花盛期，下午 3 点后很少开花。

3. 灌浆结实

花粉落在雌蕊柱头上，1~2 分钟后发芽并形成花粉管，3~4 小时内通过子房基部珠孔进入胚囊，花粉管破裂，释放出细胞质、营养核及 2 个精子。其中一个精子与卵核结合形成合子，最后形成胚，另一个精子与极核结合形成初生胚乳，至此完成水稻双受精过程。受精后第二天开始，米粒开始伸长，3 天后长度可达全长的一半，6~8 天可达全长；8~12 天米粒可达到最大宽度；8~18 天米粒可达最大厚度。至此，米粒基本定型，以后是充实胚乳，进入成熟期。

水稻稻粒的整个成熟过程，根据外观上的变化，可分为 4 个时期，即乳熟期、蜡熟期、完熟期及枯熟期。乳熟期也称灌浆期，是开花后米粒中有淀粉积累，开始出现白色乳浆的时期，一般为 7~9 天，也就是在开花后的第十天至第十二天，稻株茎秆、叶片、谷壳均呈绿色，米粒中也有叶绿素，一挤压就能压出乳浆来；蜡熟期是指稻株茎秆、谷壳开始转黄，米粒开始变硬，用手挤压后，流出蜡质状物质，这个过程一般需 7~10 天，即在开花后的第 17 天至第 22 天；完熟期的稻体茎秆、叶片各个部分颜色转黄，米粒坚硬，呈固有颜色，含水量约 20%，完熟期的后期，是生产上收割的适宜时期；枯熟期的护颖枝梗均易折断，稻穗易落粒。

水稻自开花后 25~45 天成熟。成熟期除受气候条件影响外，还与品种类型有关。通常籼稻所需时间较粳稻短，早中稻比晚稻短，生育期短的品种比生育期长的偏短。在水稻成熟过程中，对产量影响最大的时期为乳熟期，稻谷产量 2/3

以上干重是在乳熟期形成的。因此，水稻品种的灌浆特性及灌浆期的外界条件，对水稻产量影响很大。

4. 影响灌浆结实的因素

（1）光照

光照强度和光照时间影响稻叶的光合作用和碳水化合物向谷粒的运转。据研究，高产水稻谷粒充实的物质，90%以上是靠抽穗后叶片光合作用所制造的碳水化合物供给的。因此，灌浆期的光合效率将直接影响水稻产量。

（2）温度

温度对灌浆结实关系密切，一般认为最适灌浆的气温为20～22℃。在灌浆期的前15天，以昼温29℃、夜温19℃、日均温24℃为宜；后15天以昼温20℃、夜温16℃、日均温18℃为好，结实率高。适宜的灌浆温度，有利于延长积累营养物质的时间，减缓细胞老化速度，减少呼吸消耗，提高米质。低温和高温都不利于水稻籽粒正常灌浆，影响稻米品质。

（3）水分

灌浆期对水分的要求仅次于拔节长穗期和分蘖期。如此期水分不足，会影响叶片同化能力和灌浆物质的运输，造成灌浆不足，以致减产。灌浆期水分不足，影响光合作用，降低物质转运效率，缩短正常灌浆的时间，也导致稻米的物理性状变劣。

（4）矿质营养

灌浆期间叶片含氮量与光合能力之间有密切关系。灌浆期间适当施氮，可维持最大绿叶面积，增强单位叶面积的光合作用，防止叶片早衰，提高根系活力，对水稻产量影响很大。因此，生产上常采用根外施肥。在齐穗期应看苗补肥，采取补施磷、钾肥等手段，以确保灌浆过程的正常进行。

（五）水稻产量形成原理

1. 水稻产量的形成

稻谷中来自抽穗后的光合产物的比重随水稻产量的提高而提高。中国专家在20世纪70年代末提出了水稻物质生产"3个90%"的高产栽培理论体系：一是水稻产量90%以上来自光合产物；二是高产水稻产量90%左右来自抽穗后光合产物；三是水稻产量的90%来自叶片的光合作用。在产量不太高的情况下，水稻产量来自抽穗前的光合产物占30%左右，而大部分（约占70%）是来自抽穗后的1个多月中所形成的光合产物。在高产的情况下，水稻产量的90%左右来自抽穗后的光合产物；产量越高，抽穗后光合作用积累的产物对产量贡献越大。

经过多年的作物栽培实践证实，"3个90%"的物质生产理论不仅是水稻高产、超高产栽培的理论依据，而且对其他禾谷类作物的生产也具有普遍的指导意义。

水稻成熟期各叶位的光合效率不同，且各叶位的分工也不同。上部叶片（倒1～3叶）的光合产物主要运往穗部；下部叶片的光合产物主要运往根部，尤其是倒4叶，对水稻后期根系活力的影响非常显著。由此可见，水稻高产技术的实质就是提高叶片的光合物质生产能力。因此必须十分重视提高后期光合效率。后期的物质生产与分配是检验全部栽培技术的重要标志，栽培措施要瞻前顾后，中期肥水措施应为后期塑造一个最有利光合作用的株型。

2. 水稻产量的构成因素

水稻产量是由单位面积上的有效穗数、每穗实粒数和粒重构成的。这3个因素是相互联系、互相制约和相互补偿的，只有在各个因素协调增大的情况下，才能获得较高的产量。

（1）穗数的形成

分蘖期是决定每亩（1/15公顷）穗数的关键时期，也是为每穗粒数奠定基础的时期。每亩穗数是由主茎穗和分蘖穗所组成，适当增加基本苗数和提高单株成穗率是增加每亩有效穗数的两个方面。分蘖穗的贡献决定于分蘖成穗率，分蘖成穗率与该品种的分蘖特性、移栽叶龄、苗体壮弱，以及栽培与气候条件有关。移栽时叶龄决定有效分蘖的起始节位，栽培与气候条件在相当程度上决定分蘖发生的迟早和快慢，从而影响分蘖的有效性。增穗措施要落实在有效分蘖期，在分蘖初期施肥对增穗效果显著；过了分蘖高峰期施肥，增穗效果就不明显；分蘖期已过再进行施肥，几乎看不出对增穗的效果。

（2）每穗实粒数的形成

长穗期是决定每穗粒数的关键时期，也是培育壮秆为粒重奠定基础的时期。

每穗粒数的多少，既决定于每穗的分化颖花数，也受退化颖花数的影响。分化颖花数多是增加粒数的基础，但分化颖花未必能全部发育为正常颖花。因此，增加每穗粒数，就必须增加每穗分化颖花数，也要减少颖花退化。在高产条件下，后者的作用尤为突出。

每穗分化颖花数的多少，主要决定于第一苞原基分化期（约在抽穗前30天）到花粉母细胞减数分裂末期（约在抽穗前5天）之间25天内的生长发育状况。其中前5天（第一苞分化期至颖花分化始期）为颖花增殖期，而颖花退化则发生于花粉母细胞形成到花粉粒成熟（即颖花减退期），其中颖花退化大量发生于花粉母细胞减数分裂期前后。生产上称颖花增加期的施肥为促花肥，颖花减退期的施肥为保花肥。高产栽培营养生长量较大，一般在具备了分化较多颖花的条件下，保花肥的施用尤为重要。

长穗期是稻株营养生长和生殖生长并进的时期。在幼穗分化的同时，茎秆、叶片和根系等器官生长均十分迅速，有效分蘖和无效分蘖呈两极分化。此时的群体与个体、地上部与地下部、营养生长与生殖生长易产生不利于高产的矛盾。因此，采取相应措施协调上述三者之间生长的关系，满足形成壮秆不倒、穗大粒多、根健活熟所需要的条件，保证减数分裂前后的肥水供应，是夺取高产的经济、有效措施。

（3）粒重的形成

结实期是决定结实率和粒重的时期，也是实际产量的决定期。空粒的形成，一是由于出穗前花器发育不健全，不具备授粉能力；二是发育完全的颖花，因温度、暴雨、强风、农药等因素造成不能正常授粉。秕粒则是因结实障碍灌浆中途停止所致。

（4）影响粒重的因素

影响水稻粒重的因素主要有两个：一是谷壳体积大小，谷壳的体积在减数分裂期已基本定型；二是出穗后灌浆物质的合成、运转对胚乳充实的程度，以灌浆盛期关系最为密切。粒重和结实率主要决定于出穗后稻株的生育状态。因此，要尽力防止"早衰"，提高根系活力，延长叶片寿命，增强光合效率，同时还要防止贪青迟熟而造成青壳秕粒。在生育后期一定要围绕着"养根保叶"加强田间管理和病虫害防治，以达到增粒、增重、高产的目的。

三、水稻品种布局

（一）选择品种原则

1. 依法选种

根据《种子法》及配套法规、文件的要求，主要农作物品种须在审定后才能经营，并在适宜区域内推广种植。

2. 依时选种

根据双季稻、一季中稻、一季晚稻（烟后稻、菜后稻等）不同的耕作制度，不同的播种时期，选用不同熟期的水稻品种。

3. 因地选种

根据地力的不同，高产田可选用耐肥抗倒、高产水稻品种，中低产田一般选用耐瘠、适应性强的水稻品种。病害重发区应选用抗病水稻品种。

4. 按需选种

（1）优质食用型

选用米质达部颁一、二等标准，具有香味，碾磨品质、外观、营养、蒸煮、食味品质俱佳的品种。

（2）加工专用型

酿酒、糕点、副食品加工选用糯稻品种，加工米粉选用高直链淀粉含量品种。

（3）粮食储备专用型

选用耐储性好、产量高的水稻品种。

（4）特用型

主要包括黑米、红米等水稻品种。通常以糙米食用，营养价值较高，具有一定的药用价值。此外，还有适合糖尿病患者食用的高抗性淀粉品种、适合肾脏患者食用的低谷蛋白水稻品种等。

（二）福建省水稻品种布局

福建水稻品种类型丰富，不仅籼、粳稻并存，而且中籼稻和粳糯稻有其独特的区域性。目前，福建种植的主要品种类型是中、晚稻，以三系、两系杂交籼稻为主，搭配种植常规籼、籼粳交杂交稻和特种专用稻；早稻为优质常规籼稻等，搭配种植三系杂交籼稻；等等。

生产上，应根据品种选择原则及生产实际情况选用适宜品种。目前福建水稻主推品种见表3-1。

表3-1　目前福建水稻主推品种

品种类型	品种名称
作早稻种植品种	佳辐占、泉珍12号、东联早2号、潢优粤禾丝苗、杉谷优533
作中稻种植品种	野香优676、荃优212、甬优9号、甬优1540、甬优7850、甬优7860、浙优21、中浙优1号、中浙优8号、中浙优10号、禾两优676、荃优822、野香优669、晶两优华占、福香占、浙粳优1578、甬优4949、赣73优明占、创源优151
作晚稻种植品种	野香优744、紫两优737、野香优航148、泰丰优656、明1优臻占、明轮臻占、金油占、晶两优534、内6优7075、福玖优2165、野香优莉丝、N两优769、福泰738、玉针香、东联红、佳禾165
高档优质稻品种	玉针香、福香占、明1优臻占、明轮臻占、野香优莉丝、金油占、野香优669、中浙优8号、东联早2号
特种专用稻品种	紫两优737（黑米）、东联红（红米）、糯两优12（糯米）、创源优151（米粉加工专用）
产量高、抗性强、适应性广品种	潢优粤禾丝苗、荃优212、野香优676、野香优669、野香优744、野香优航148、野香优莉丝、内6优7075、赣73优明占、N两优769、福玖优2165、晶两优华占、浙优21、浙粳优1578、佳禾165
适宜高肥田种植、具超高产潜力品种	浙优21、浙粳优1578、甬优1540、甬优2640、甬优7850、甬优7860、荃优212、禾两优676

续表

品种类型	品种名称
适宜中低产田种植品种	明1优臻占（锈水田）、野香优莉丝、野香优676、野香优669、中浙优8号（山垅田）
适宜重金属污染田种植品种	野香优676、内6优7075、甬优5552
适宜机收低留桩再生稻品种	甬优1540、甬优2640、晶两优华占、泸优明占
适宜旱地种植品种	旱优73、旱优3015

（三）水稻主推品种简介

1. 佳辐占

选育单位：厦门大学生命科学学院。

审定情况：2003年福建省审定。

品种来源：佳禾早占/佳辐418。

特征特性：该品种属迟熟早籼常规水稻新品种，全生育期平均123.6天，与78130相似。株高105厘米左右，株型适中，叶色浓绿，茎秆粗壮，谷粒细长，结实率90%左右，千粒重30克左右。熟期转色好，较抗倒伏，适应性广。米质经农业部稻米及制品质量监督检验测试中心检测：糙米率、精米率、粒长、长宽比、垩白粒率、垩白度、透明度、碱消值、胶稠度、蛋白质含量等10项达到部颁一级优质米标准，直链淀粉含量1项达到部颁二级优质米标准，米质优。经两年福建省抗稻瘟病鉴定，综合评价为中抗稻瘟病。（图3-1）

产量表现：该品种2001年参加福建省早籼优质组区试，平均亩产417.38千克，比照和78130减产7.45%。2002年续试，平均亩产418.37千克，比对照种佳禾早占增

图3-1 佳辐占

产 3.62%，增产达极显著。

栽培技术要点：适时播种，培育壮秧。早季一般在 3 月上、中旬播种，每亩秧田播种量 50 千克左右。种子应消毒、催芽，露白时播种，秧龄 30 天左右。晚季倒种应根据各地具体情况播种，秧龄控制在 15 天左右，立秋前插秧。合理密植，插植规格 16.7 厘米×16.7 厘米，每亩一定要插足 2 万丛，每丛 4~5 本。抛秧每亩抛 1.8 万丛左右。分蘖力较弱，要重施基肥，促使尽快分蘖。每亩施用纯氮 10~13 千克，五氧化二磷 3~4 千克，氧化钾 6~8 千克。氮肥按基肥：分蘖肥：穗肥比例 6∶3∶1 分施。插秧后 15 天内结合除草追肥两次。烤田前施钾肥，穗肥以复合肥为主，抽穗期结合除虫进行根外追施磷肥。插（抛）秧后薄层水促进扎根、返青。当每亩达 26 万苗左右时，即抢晴天烤田，田裂露白根后返水。孕穗、抽穗期要灌深层水，黄熟期干湿交替。后期不宜过早断水。在小穗 90% 以上成熟时收割，以确保优良的稻米品质。综合防治病、虫和鼠害。

适宜范围：适宜福建省作早稻种植，并可作为机收再生稻种植。

2. 泰优 202

选育单位：福建省农业科学研究院水稻研究所、广东省农业科学院水稻研究所。

审定情况：2016 年福建省审定。

品种来源：泰丰 A×福恢 202。

特征特性：全生育期两年区试平均 125.4 天，比对照金优 2155 早熟 1.0 天。群体整齐，株型适中，穗大粒多，后期转色好。每亩有效穗数 18.0 万，株高 110.8 厘米，穗长 22.6 厘米，每穗总粒数 146.7 粒，结实率 85.64%，千粒重 26.7 克。两年稻瘟病抗性鉴定综合评价为中感稻瘟病，其中宁化水茜点鉴定为高感稻瘟病。米质检测结果：糙米率 82.2%，精米率 73.0%，整精米率 45.8%，粒长 7.2 毫米，长宽比 3.6，垩白粒率 8%，垩白度 0.7%，透明度 2 级，碱消值 4.2 级，胶稠度 84 毫米，直链淀粉含量 14.1%。（图 3-2）

图 3-2　泰优 202

产量表现：2013年参加福建省早稻区试，平均亩产527.33千克，比对照金优2155增产5.24%，达极显著水平；2014年续试，平均亩产531.95千克，比对照金优2155增产5.38%，达极显著水平。2015年参加福建省早稻生产试验，平均亩产505.59千克，比对照金优2155增产4.55%。

栽培技术要点：作早稻种植，秧龄为30天。插植密度16.5厘米×20.0厘米，丛插2粒谷。亩施纯氮10~12千克，氮、磷、钾比例为1.0∶0.5∶1.0，基肥、分蘖肥、穗肥比例为5∶3∶2。水分管理掌握深水返青、浅水促蘖、够苗晒田、有水孕穗、湿润灌浆的原则，后期不要断水过早。注意及时防治病虫害。

适宜范围：适宜福建省稻瘟病轻发区作早稻种植，栽培上注意防治稻瘟病。

3. 泉珍12号

选育单位：泉州市农业科学研究所。

审定情况：2019年福建省审定。

品种来源：佳辐占/榕籼1号。

特征特性：全生育期两年区试平均126.2天，比对照T78优2155早熟2.2天。群体整齐，株型适中，植株较高。每亩有效穗数18.8万，株高106.9厘米，穗长22.6厘米，每穗总粒数149.1粒，结实率86.33%，千粒重26.5克。两年稻瘟病抗性鉴定综合评价感稻瘟病。米质检测结果：糙米率81.4%，整精米率63.9%，垩白度0.7%，透明度2级，碱消值6.1级，胶稠度79毫米，直链淀粉含量14.9%，达部颁二等优质食用稻品种标准。（图3-3）

产量表现：2017年参加福建省早稻区域试验，平均亩产510.61千克，比对照T78优2155增产1.59%，不显著；2018年续试，平均亩产497.08千克，比对照T78优2155增产2.05%，不显著。两年平均亩产503.84千克，比对照T78优2155增产1.82%。2018年参加福建省早稻生产试验，平均亩产446.27千克，比对照T78优

图3-3　泉珍12号

2155 减产 6.83%。

栽培技术要点：作早稻种植，秧龄为 30 天。栽插规格以 16.7 厘米 ×20.0 厘米或 20 厘米 ×20 厘米为宜，每穴栽插 2～3 粒谷苗。栽培上重施基肥，早施分蘖肥，配施有机肥及磷、钾肥，中等肥力田一般亩施纯氮 11 千克左右，氮、磷、钾比例 1∶0.6∶0.8，基肥、分蘖肥、穗肥、粒肥比例 5∶3∶1∶1。水分管理掌握深水返青、浅水分蘖、够苗露晒田、复水抽穗、后期湿润灌溉的原则。注意及时防治病虫害。

适宜范围：适宜福建省稻瘟病轻发区作早稻种植，注意防治稻瘟病。

4. 潢优粤禾丝苗

选育单位：福建省农业科学院水稻研究所、广东省农业科学院水稻研究所、四川台沃种业有限责任公司。

审定情况：2020 年福建省审定，2021 年国家审定。

品种来源：潢达 A× 粤禾丝苗。

特征特性：全生育期两年区域试验平均 128.1 天，比对照 T78 优 2155 迟熟 0.1 天。群体整齐，株型适中，植株较矮，分蘖力强。每亩有效穗数 17.4 万，株高 98.5 厘米，穗长 22.3 厘米，每穗总粒数 152.8 粒，结实率 85.7%，千粒重 26.7 克。两年稻瘟病抗性鉴定综合评价为中抗稻瘟病。米质检测结果：糙米率 82.6%，整精米率 67.7%，垩白度 1.0%，透明度 1 级，碱消值 7.0 级，胶稠度 78 毫米，直链淀粉含量 17.7%，米质达部颁一等优质食用稻品种品质标准。（图 3-4）

产量表现：2018 年参加福建省早稻新品种区域试验，平均亩产 542.67 千克，比对照 T78 优 2155 增产 11.41%，达极显著水平；2019 年续试，平均亩产 524.49 千克，比对照 T78 优 2155 增产 10.45%，达极显著水平。两年区域试验平均亩产 533.58 千克，比对照 T78 优 2155 增产 10.93%。2019 年参加生产试验，平均亩产 496.31 千克，

图 3-4　潢优粤禾丝苗

比对照 T78 优 2155 增产 8.26%。

栽培技术要点：作早稻种植，秧龄为 30 天左右。栽插规格以 16.7 厘米×20.0 厘米或 20 厘米×20 厘米为宜，每穴栽插 2 粒谷苗。栽培上重施基肥，早施分蘖肥，配施有机肥及磷、钾肥，亩施纯氮 10 千克，氮、磷、钾比例为 1.0∶0.6∶1.0，基肥、分蘖肥、穗肥比例为 5∶3∶2。水分管理掌握深水返青、浅水分蘖、够苗露晒田、复水抽穗、后期湿润灌溉的原则。注意及时防治病虫害。

适宜范围：适宜福建省作早稻种植，江西省、湖南省、湖北省、安徽省、浙江省双季稻区的稻瘟病轻发区作晚稻种植。

5. 荃优 212

选育单位：福建省农业科学院水稻研究所、安徽荃银高科种业股份有限公司。

审定情况：2018 年福建省审定，2021 年被农业农村部确定为超级稻品种。

品种来源：荃 9311A×福恢 212。

特征特性：全生育期两年区试平均 139.6 天，比对照Ⅱ优 3301 早熟 2.6 天。群体整齐，分蘖强，穗大粒多，后期转色好。每亩有效穗数 14.2 万，株高 122.0 厘米，穗长 25.7 厘米，每穗总粒数 218.5 粒，结实率 87.20%，千粒重 27.9 克。两年稻瘟病抗性鉴定综合评价为中抗稻瘟病。米质检测结果：糙米率 81.3%，整精米率 61.9%，垩白度 0.2%，透明度 1 级，碱消值 7.0 级，胶稠度 79 毫米，直链淀粉含量 17.0%，米质达部颁一等优质食用稻品种品质标准。（图 3-5）

产量表现：2016 年参加福建省中稻初试，平均亩产 595.30 千克，比对照Ⅱ优明 86 增产 1.78%，不显著；2017 年续试，平均亩产 610.06 千克，比对照Ⅱ优 3301 增产 2.62%。两年区试平均亩产 602.68 千克。2017 年参加福建省中稻生产试验，平均亩产 569.57 千克，比对照增产 8.21%。

栽培技术要点：在福建作中稻

图 3-5　荃优 212

种植，秧龄30天左右，适时播种培育壮秧，培育多蘖适龄秧苗。合理密植，亩插1.5万~1.6万丛，争取有效穗达16万穗以上。注重氮、磷、钾合理配比，比例为1∶0.7∶0.9，基肥、分蘖肥、穗肥、粒肥比例为5∶3∶1∶1。浅水插秧，寸水活棵，薄水促蘖，够苗烤田，孕穗至抽穗扬花期保持一定浅水层，灌浆结实期湿润灌溉，养叶保根。当地病虫预测预报，适时防治病虫害，确保丰收。

适宜范围：适宜福建省作中稻种植，栽培上中后期应控氮防倒伏。

6. 福两优366

选育单位：福建省农业科学院福州国家水稻改良分中心、福建吉奥种业有限公司。

审定情况：2012年福建省审定，2015年云南省审定，2017年湖南省审定，2019年海南省、广西壮族自治区审定。

品种来源：SE21S×R366。

特征特性：全生育期两年区试平均141.7天，比对照Ⅱ优明86早熟0.8天。群体整齐，株型适中，穗大粒多，后期转色好。每亩有效穗数14.7万，株高121.3厘米，穗长26.3厘米，每穗总粒数175.8粒，结实率86.9%，千粒重29.8克。两年稻瘟病抗性鉴定综合评价为中抗稻瘟病，其中南靖农科所点鉴定为感稻瘟病。米质检测结果：糙米率81.6%，精米率72.7%，整精米率50.7%，粒长7.3毫米，长宽比3.0，垩白粒率33%，垩白度6.2%，透明度1级，碱消值3级，胶稠度80毫米，直链淀粉含量15%，蛋白质含量8.1%。（图3-6）

产量表现：2010年参加福建省中稻区试，平均亩产600.88千克，比对照Ⅱ优明86增产12.05%，达极显著水平；2011年续试，平均亩产644.38千克，比对照Ⅱ优明86增产7.39%，达极显著水平。2011年参加福建省中稻生产试验，平均亩产621.3千克，比对照Ⅱ优明86增产8.24%。

栽培技术要点：作中稻种植，

图3-6 福两优366

秧龄为30~35天。插植密度23厘米×23厘米,丛插2粒谷。亩施纯氮12千克,氮、磷、钾比例为1.0:0.5:0.7,基肥、分蘖肥、穗肥比例为6:3:1。水分管理掌握浅水促蘖、适时烤田、有水抽穗、湿润灌浆、后期干湿交替的原则。注意及时防治病虫害。

适宜范围:适宜福建省作中稻种植。

7. 甬优7850

选育单位:宁波市种子有限公司。

审定情况:2015年浙江省审定,2019年福建省引种备案。

品种来源:A78×F9250。

特征特性:甬优7850属三系籼粳杂交稻品种。在福建作中稻种植,全生育期142.8天,比对照Ⅱ优3301迟熟4.0天。株型适中,长势繁茂,剑叶中宽直立,分蘖力中等,稃尖无色,穗大粒多,熟期转色好。平均每亩有效穗数12万,株高113.7厘米,穗长22.6厘米,每穗总粒数295.1粒,结实率85.5%,千粒重23.3克。稻瘟病抗性经田间自然诱发鉴定,综合评价为中抗稻瘟病;米质主要指标:整精米率73.6%,长宽比2.3,垩白粒率9.0%,垩白度1.7%,碱消值6.6级,透明度1级,胶稠度77.5毫米,直链淀粉含量14.7%,米质达部颁二等优质食用稻品种品质标准。(图3-7)

产量表现:福建省中稻多点引种适应性试验,平均亩产637.5千克,比对照Ⅱ优3301增产4.28%。

栽培技术要点:适时播种,稀播育壮秧。在福建省作中稻种植,4月下旬至5月上旬播种,秧龄不超过25天,大田亩用种量1.0千克。合理密植,科学施肥管水。大田插植规格20厘米×23厘米,丛插两粒谷苗。亩施纯氮15千克左右,氮:磷:钾比例为1:0.6:0.8。移栽后3~5天排水搁田3~4天,亩苗数达15万左右时搁田控苗,孕穗期浅水勤灌,抽

图3-7 甬优7850

穗扬花期保持深水层，灌浆期干湿交替，成熟前一周断水。在病虫防治上，坚持"以防为主，综合防治"的方针。重点适时防治恶苗病、稻瘟病、稻曲病等各种病虫害。充分成熟时收获，保证稻谷品质。

适宜范围：适宜福建省作中稻种植。

8. 野香优 676

选育单位：福建兴禾种业科技有限公司、福建省农业科学院水稻研究所、广西绿海种业有限公司、福建禾丰种业股份有限公司。

审定情况：2017 年福建省审定。

品种来源：野香 A × 福恢 676

特征特性：全生育期两年区试平均 140.3 天，比对照 Ⅱ 优明 86 迟熟 1.8 天。群体整齐，分蘖强，穗大粒多，后期转色好。每亩有效穗数 13.2 万，株高 137.9 厘米，穗长 26.0 厘米，每穗总粒数 225.6 粒，结实率 86.22%，千粒重 26.7 克。两年稻瘟病抗性鉴定综合评价为抗稻瘟病。米质检测结果：糙米率 78.5%，精米率 71.6%，整精米率 69.3%，粒长 7 毫米，长宽比 3.2，垩白粒率 6%，垩白度 0.8%，透明度 1 级，碱消值 5.4 级，胶稠度 84 毫米，直链淀粉含量 15.4%，蛋白质含量 8.2%，米质达部颁三等优质食用稻品种品质标准。（图 3-8）

产量表现：2014 年参加福建省中稻区试，平均亩产 612.83 千克，比对照 Ⅱ 优明 86 增产 10.37%，达极显著水平；2015 年续试，平均亩产 535.46 千克，比对照 Ⅱ 优明 86 增产 7.43%，达极显著水平。2016 年参加福建省中稻生产试验，平均亩产 604.0 千克，比对照增产 19.55%。

栽培技术要点：作中稻种植，秧龄 30 天左右。插植密度 20 厘米 × 23 厘米，丛插 2 粒谷。亩施纯氮 10 千克，氮、磷、钾比例为 1∶0.7∶0.9，基肥、分蘖肥、穗肥、粒肥比例为 5∶3∶1∶1。水分管理掌握浅水促蘖、适时烤田、有水抽穗、湿润灌浆、后期干湿交替的原则。注意及时防治病虫害。

图 3-8　野香优 676

适宜范围：适宜福建省作中稻种植，栽培上中后期应控氮防倒伏。

9. K两优369

选育单位：福建丰田种业有限公司。

审定情况：2015年福建省区域性审定，2018年国家审定，2021年广西壮族自治区审定。

品种来源：K12S（原名：12S）×H369。

特征特性：全生育期两年区试平均132.9天，比对照Ⅱ优明86早熟0.5天。群体整齐，穗大粒多，后期转色好。每亩有效穗15.6万，株高121.4厘米，穗长26.8厘米，每穗总粒数171.4粒，结实率82.6%，千粒重25.9克。经南平市两年稻瘟病抗性田间自然诱发鉴定为中感稻瘟病，一年稻瘟病室内人工接菌鉴定评价为中感稻瘟病。米质检测结果：糙米率81.8%，精米率74.4%，整精米率53.2%，粒长7.0毫米，长宽比3.1，垩白粒率30.0%，垩白度3.6%，透明度1.0级，碱消值5.2级，胶稠度75.0毫米，直链淀粉含量16.1%，蛋白质含量8.4%。（图3-9）

产量表现：2012年参加南平市中稻区试，平均亩产570.20千克，比对照Ⅱ优明86增产12.49%，达极显著水平；2013年续试，平均亩产606.69千克，比对照Ⅱ优明86增产9.31%，达极显著水平。2014年参加南平市中稻生产试验，平均亩产624.5千克，比对照Ⅱ优明86增产8.9%。

栽培技术要点：在南平市作中稻种植，秧龄为30~35天。插植密度23厘米×23厘米，丛插1~2粒谷。亩施纯氮11千克，氮、磷、钾比例为1.0∶0.6∶0.9，基肥、分蘖肥、穗肥、粒肥比例为5∶3∶1∶1。水分管理掌握浅水促蘖、适时烤田、有水抽穗、湿润灌浆、后期干湿交替。注意及时防治病虫害。

适宜范围：适宜南平市稻瘟病轻发区作中稻种植，栽培上中后期应控氮防倒伏，注意防治稻瘟病。

图3-9　K两优369

10. 荃优822

选育单位：安徽省皖农种业有限公司、安徽荃银高科种业股份有限公司。

审定情况：2017年福建省引种备案。

品种来源：荃9311A×YR0822。

特征特性：福建省中稻种植，全生育期平均135.7天，比对照Ⅱ优明86迟熟0.3天。株高116厘米，每亩有效穗数16.4万，穗长25.8厘米，每穗总粒数189.4粒，结实率87.6%，千粒重27.4克。稻瘟病抗性鉴定综合评价为感稻瘟病。米质主要指标：整精米率62.5%，垩白粒率11.0%，垩白度2.2%，胶稠度83毫米，直链淀粉含量16.1%，达到GB/T 17891-2017《优质稻谷》标准2级。（图3-10）

产量表现：2016年参加福建省中稻多点适应性试验，平均亩产603.8千克，比对照Ⅱ优明86增产5.2%。

栽培技术要点：在福建省作中稻种植，4月中旬至5月中旬播种，秧龄30天左右，插植规格以20.0厘米×23.3厘米，丛插2粒谷。亩施纯氮10千克左右，氮：磷：钾比例为1：0.6：1，增施磷、钾肥。及时做好稻瘟病防治。

图3-10 荃优822

适宜范围：适宜福建省稻瘟病轻发区作中稻种植。

11. 甬优1540

选育单位：宁波种业股份有限公司。

审定情况：2014年浙江省审定，2015年国家、广西壮族自治区审定，2017年福建省引种备案。

品种来源：甬粳15A×F7540。

特征特性：平均全生育期约136天，与对照Ⅱ优明86生育期相当。每亩有效穗11.5万，株高109.0厘米，穗长20.4厘米，每穗总粒数255.1粒，结实率85.00%，千粒重23.5克。稻瘟病抗性经田间自然诱发鉴定，综合评价为中感稻瘟病。米质主要指标：整精米率70.2%，长宽比2.3，垩白粒率18%，垩白度3.0%，胶稠度75毫米，直链淀粉含量14.3%。（图3-11）

产量表现：2016年中稻多点适应性试验，平均亩产573.03千克，比对照Ⅱ优明86增产17.26%，达极显著水平。

栽培技术要点：5月上中旬播种，种田亩播种量10千克，秧龄20～22天移栽。本田亩用种量1千克，插秧密度26×26厘米，双本插。亩施纯氮13～15千克，氮∶磷∶钾比例为1∶0.6∶1，基∶蘖∶穗肥比例氮肥为4∶4∶2，钾肥为2∶4∶4，磷肥作基肥一次施入。蘖肥在栽后10天和20天各施一次，穗肥在剑叶全展期施入。严防稻蓟马、螟虫、稻飞虱，以及恶苗病、稻瘟病、白叶枯病、细条病、稻曲病，尤其须抓好破口前5～7天及破口期的稻曲病防治工作。

适宜范围：适宜福建省稻瘟病轻发区作中稻种植。

图3-11　甬优1540

12. 甬优7860

选育单位：宁波市种子有限公司。

审定情况：2017年浙江省审定，2020年福建省引种备案。

品种来源：甬粳78A×F6860。

特征特性：在福建省作中稻栽培，平均全生育期141.5天，比对照Ⅱ优3301长4天，长势繁茂，分蘖力中等，穗大粒多，抗倒性较强，熟期转色好。平均每亩有效穗数12.2万，株高115.2厘米，穗长23.6厘米，每穗总粒数290.7粒，结实率86.3%，千粒重26.0克。稻瘟病抗性经田间自然诱发鉴定叶瘟最高5级，平均3级；穗瘟发病率9.63%，发病率病级2.75级，病情指数2.06，穗瘟损失率最高3级，综合评价为中抗稻瘟病。米质经农业部稻米及制品质量监督检测中心2014～2015年检测，平均整精米率63.8%，长宽比2.4，垩白粒率22%，垩白

度3.2%，透明度2级，碱消值7.0级，胶稠度77毫米，直链淀粉含量15.7%。（图3-12）

产量表现：福建省中稻多点引种适应性试验，平均亩产636.5千克，比对照Ⅱ优3301增产5.20%。

栽培技术要点：适时播种，稀播育壮秧。中稻于5月上旬播种，大田亩用种量1.0千克。及时移栽，插足基本苗。中稻秧龄不超过25天。株行距27厘米×27厘米，

图3-12　甬优7860

每穴插2粒谷苗。一般亩施纯氮15千克左右，配施磷钾肥。移栽后3～5天排水搁田3～4天，亩苗数达15万左右时烤田控苗，孕穗期浅水勤灌，抽穗扬花期保持深水层，灌浆期干湿交替，成熟前一周断水。重点防治稻瘟病、稻曲病、恶苗病、白叶枯病、纹枯病，以及稻蓟马、螟虫、稻飞虱等病虫害。充分成熟时收获，保证稻谷品质。

适宜范围：适宜福建省作中稻种植。

13. 浙优21

选育单位：浙江省农业科学院作物与核技术利用研究所。

审定情况：2016年浙江省审定，2020年福建省引种备案。

品种来源：浙04A×浙恢F1121。

特征特性：在福建省作中稻种植，平均全生育期154.8天，比对照Ⅱ优3301迟熟14.3天。株型适中，剑叶宽直，分蘖力较强，穗大粒多，抗倒性较强，熟期转色好。株高124.7厘米，每亩有效穗数11.5万，穗长21.4厘米，每穗总粒数382.0粒，结实率86.6%，千粒重23.0克。稻瘟病抗性经上杭茶地、建阳麻沙、宁化水茜、将乐黄潭等4个鉴定点的田间自然诱发鉴定，稻瘟病综合指数为1.63，穗茎瘟损失率最高级别为1级，抗稻瘟病。米质主要指标：整精米率69.8%，垩白粒率21.5%，垩白度3.9%，胶稠度82毫米，直链淀粉含量14.6%，长宽比2.0，米质达部颁三等优质食用稻品种品质标准。（图3-13）

产量表现：福建省中稻多点引种适应性试验，平均亩产718.24千克，比对照Ⅱ优3301增产15.82%。

栽培技术要点：适时播种，培育壮秧。在福建省作中稻种植，5月中旬播种，秧龄30天；每亩大田用种量1.0千克左右。合理密植，科学施肥管水。大田插植规格20厘米×23厘米为宜，丛插两粒谷。在水管上采取"前浅、中搁、后湿"灌水技术，后期不宜过早断水。每亩施纯氮15千克左右，氮∶磷∶钾比例为1∶0.6∶1.2。在病虫防治上，坚持"以防为主，综合防治"的方针，及时做好病虫预测预报，适时防治病虫害，尤其注意稻曲病的预防，稻曲病最佳预防时间在"叶枕平"时，即破口前7~10天。

图3-13　浙优21

适宜范围：适宜福建省稻瘟病轻发区作中稻种植。

14. 浙粳优1578

选育单位：浙江勿忘农种业股份有限公司、浙江省农业科学院作物与核技术利用研究所。

审定情况：2017年浙江省审定，2018年福建省引种备案。

品种来源：浙粳7A×浙恢1578。

特征特性：在福建省作中稻种植，平均全生育期145.4天，比对照Ⅱ优明86长4.0天。长势繁茂，株型紧凑，茎秆粗壮，剑叶挺直，叶色绿，穗大粒多，着粒密，稃尖无色，偶有顶芒。株高117.3厘米，分蘖力好，穗长24.9厘米，每穗总粒数297.5粒，实粒数245.3粒，结实率82.5%，千粒重23.9克。稻瘟病抗性经田间自然诱发鉴定，综合评价为抗稻瘟病。经农业部稻米及制品质量监督检测中心2015—2016年检测，平均整精米率67.4%，长宽比2.2，垩白粒率24%，垩白度3.9%，透明度2级，碱消值5.9，胶稠度77毫米，直链淀粉含量15.6%，米质各项指标综合评价分别为食用稻品种品质部颁三等和普通。（图3-14）

产量表现：福建省多点引种适应性试验，平均亩产626.35千克，比对照Ⅱ优明86增产13.61%。

栽培技术要点：适宜播种期4月20日至6月10日，大田亩用种量0.75~1千克，秧田亩播种量20千克。一般移栽苗龄25天以内，一般亩插1.5万丛，每丛1~2本，基本苗3万~4万，建议多本插以提高产量。施足有机肥，亩施尿素12~15千克，配施磷钾肥，后期减少氮肥用量，适当增加磷肥。后肥切忌过迟过重，齐穗后每亩喷硫酸二氢钾150~200克。播种前用浸种灵等药剂浸种消毒，注意防治恶苗病；播种后秧田注意防治稻蓟马、条纹叶枯病和卷叶螟，大田注意防治稻曲病、稻飞虱、螟虫等。

图3-14　浙粳优1578

适宜范围：适宜福建省稻曲病轻发区作中稻种植。

15. 晶两优华占

选育单位：袁隆平农业高科技股份有限公司、广东省农业科学院水稻研究所、深圳隆平金谷种业有限公司、湖南隆平高科种业科学研究院有限公司。

审定情况：2016年、2017年、2018年、2019年国家审定，2017年福建省引种备案。

品种来源：晶4155S×华占。

特征特性：福建省作中稻种植，全生育期145天左右，比对照丰两优4号短0.6天。株高113.9厘米，分蘖力强，每亩有效穗19.8万，每穗总粒数184.2粒，结实率80.9%，千粒重23.5克。两年稻瘟病抗性鉴定综合评价为中抗稻瘟病。米质检测结果：糙米率80.2%，精米率73.3%，整精米率66.2%，粒长6.4毫米，长宽比3.2，垩白粒率19%，垩白度4.5%，透明度2级，碱消值6.5级，胶稠度85毫米，直链淀粉含量15.4%，米质达部颁三等优质食用稻品种品质标准。（图3-15）

产量表现：2015、2016年参加福建省中稻多点适应性试验，平均亩产624.8千克，比对照丰两优4号增产7.6%。

栽培技术要点：作中稻种植，4月下旬至5月上旬播种，秧龄为305天。插植密度20.0厘米×26.6厘米，丛插2粒谷。亩施纯氮12千克，氮、磷、钾比例为1.0∶0.6∶0.9，基肥、分蘖肥、穗肥、粒肥比例为5∶3∶1∶1。水分管理掌握浅水促蘖、适时烤田、有水抽穗、湿润灌浆、后期干湿交替的原则。注意及时防治病虫害。

适宜范围：适宜福建省作中稻种植，也适合作再生稻种植。

图3-15　晶两优华占

16．禾两优676

选育单位：福建农林大学作物科学学院、福建省农业科学院水稻研究所、福建禾丰种业股份有限公司。

审定情况：2019年福建省审定。

品种来源：禾9S（原名"茂S"）×福恢676。

特征特性：全生育期两年区试平均141.3天，比对照Ⅱ优3301早熟1.9天。群体整齐，株型适中，穗大粒多。每亩有效穗数14.2万，株高122.6厘米，穗长26.6厘米，每穗总粒数212.6粒，结实率86.06%，千粒重29.4克。两年稻瘟病抗性鉴定综合评价抗稻瘟病。米质主要指标：糙米率79.6%，整精米率63.5%，垩白度4.6%，透明度1级，碱消值4.7级，胶稠度84毫米，直链淀粉含量13.7%。（图3-16）

产量表现：2017年参加福建省中稻区域试验，平均亩产686.46千

图3-16　禾两优676

克，比对照Ⅱ优3301增产5.69%，达极显著水平；2018年续试，平均亩产660.28千克，比对照Ⅱ优3301增产8.02%，达极显著水平。两年区试平均亩产673.37千克，比对照Ⅱ优3301增产6.85%。2018年参加福建省中稻生产试验，平均亩产616.29千克，比对照Ⅱ优3301增产9.00%。

栽培技术要点：作中稻种植，秧龄为25～30天。插植密度20厘米×23厘米，丛插2粒谷秧。亩施纯氮12千克，氮、磷、钾比例为1∶0.8∶0.8，基肥、分蘖肥、穗肥、粒肥比例5∶3∶1∶1。水分管理掌握浅水促蘖、适时烤田、有水抽穗、湿润灌浆、后期干湿交替的原则。注意及时防治病虫害，后期适时烤田，增强根系活力。

适宜范围：适宜福建省作中稻种植。

17．中浙优8号

选育单位：中国水稻研究所。

审定情况：2006年浙江省审定，2013年福建省引种备案。

品种来源：中浙A×T-8。

特征特性：全生育期引种试验平均143.5天，比对照Ⅱ优明86早熟1.2天。群体整齐，穗大粒多，后期转色好。每亩有效穗14.9万，株高131.2厘米，穗长28.3厘米，每穗总粒数218.9粒，结实率86.66%，千粒重26.5克。稻瘟病抗性鉴定综合评价为感稻瘟病。米质检测结果：糙米率82.8%，精米率74.6%，整精米率63.1%，粒长6.9毫米，长宽比3.0，垩白粒率19.0%，垩白度2.9%，透明度1级，碱消值4.7级，胶稠度82毫米，直链淀粉含量14.0%，蛋白质含量9.9%。（图3-17）

产量表现：2011年参加福建省中稻引种试验，平均亩产663.39千克，比对照Ⅱ优明86增产1.73%，增产不显著。2012年参加福建省中稻生产试验，平均亩产631.8千克，比对照Ⅱ优明86增产9.85%。

栽培技术要点：作中稻种植，

图3-17　中浙优8号

秧龄为25~30天。插植密度30厘米×16厘米，丛插2粒谷。亩施纯氮12千克左右，氮、磷、钾比例为1：0.5：0.8，基肥、分蘖肥、穗粒肥比例为5：3：2。水分管理掌握浅水促蘖、适时烤田、有水抽穗、湿润灌浆、后期干干湿湿的原则，切忌断水过早。注意及时防治病虫害。

适宜范围：适宜福建省稻瘟病轻发区作中稻种植，栽培上注意防治稻瘟病。

18. 野香优699

选育单位：福建省农业科学研究院水稻研究所。

审定情况：2020年福建省审定。

品种来源：野香A×福恢699。

特征特性：全生育期两年区域试验平均140.4天，比对照II优3301早熟2.8天。群体整齐，株型适中。每亩有效穗数13.9万，株高135.4厘米，穗长24.9厘米，每穗总粒数221.6粒，结实率86.89%，千粒重26.3克。两年稻瘟病抗性鉴定综合评价为抗稻瘟病。米质检测结果：糙米率80.1%，整精米率68.5%，垩白度0.8%，透明度1级，碱消值5.5级，胶稠度86毫米，直链淀粉含量14.0%，米质达部颁三等优质食用稻品种品质标准。（图3-18）

产量表现：2017年参加福建省中稻区域试验，平均亩产648.22千克，比对照II优3301减产0.20%，不显著；2018年续试，平均亩产605.69千克，比对照II优3301增产3.20%，达极显著水平。两年区域试验平均亩产626.95千克，比对照II优3301增产1.50%。2019年参加生产试验，平均亩产571.60千克，比对照II优3301增产10.11%。

栽培技术要点：作中稻种植，秧龄为25天左右。栽插规格以20厘米×23厘米为宜，每穴栽插2粒谷苗。栽培上重施基肥，早施分蘖肥，配施有机肥及磷、钾肥。亩施纯氮12千克，氮、磷、钾比例为1：0.8：0.8，基肥、分蘖肥、穗肥、粒肥比例5：3：1：1。水分管理掌握深水返青、浅水分蘖、

图3-18 野香优699

够苗露晒田、复水抽穗、后期湿润灌溉的原则。注意及时防治病虫害。

适宜范围：适宜福建省作中稻种植。

19．福香占

选育单位：福建省农业科学研究院水稻研究所。

审定情况：2020年福建省审定。

品种来源：粤晶丝苗/H603

特征特性：全生育期两年区域试验平均142.6天，比对照Ⅱ优3301迟熟0.1天。群体整齐，株型适中，熟期转色好，每亩有效穗数14.8万，株高116.3厘米，穗长25.1厘米，每穗总粒数196.0粒，结实率81.89%，千粒重25.1克。两年稻瘟病抗性鉴定综合评价为中抗稻瘟病。米质检测结果：糙米率79.9%，整精米率59.8%，垩白度0.1%，透明度1级，碱消值7.0级，胶稠度72毫米，直链淀粉含量15.6%，米质达部颁二等优质食用稻品种品质标准。（图3-19）

产量表现：2018年参加福建省中稻组区域试验，平均亩产526.48千克，比对照Ⅱ优3301减产13.87%，达极显著水平；2019年续试，平均亩产510.81千克，比对照Ⅱ优3301减产19.17%，达极显著水平。两年区域试验平均亩产518.65千克，比对照Ⅱ优3301减产16.52%。2019年参加生产试验，平均亩产480.61千克，比对照Ⅱ优3301减产7.42%。

栽培技术要点：作中稻种植，秧龄30天左右。插植密度20厘米×20厘米，丛插3~4粒谷。亩施纯氮10.5千克，氮、磷、钾比例为1.0∶0.5∶0.7，基肥、分蘖肥、穗肥、粒肥比例为5∶3∶1∶1。水分管理上掌握浅水促蘖、适时烤田、有水抽穗、湿润灌浆、后期干湿交替的原则。注意及时防治病虫害。

适宜范围：适宜福建省作中稻种植，栽培上中后期应控氮防倒伏，注意防治病虫害。

图3-19 福香占

20. 嘉糯1优6号

选育单位：福建农林大学作物遗传育种研究所。

审定情况：2006年海南省审定，2007年福建省审定。

品种来源：嘉农wxA1×嘉糯恢6号。

特征特性：全生育期两年区试平均144.2天，比对照Ⅱ优明86迟熟0.2天。群体整齐，株型适中，剑叶稍呈瓦形，穗大粒多，后期转色好。每亩有效穗数14.5万，株高119.1厘米，穗长26.4厘米，每穗总粒数175.3粒，结实率85.48%，千粒重27.4克。两年稻瘟病抗性鉴定综合评价为感稻瘟病，其中将乐黄潭点鉴定为高感稻瘟病。米质检测结果，糙米率78.4%，精米率71.0%，整精米率67.9%，粒长5.8毫米，长宽比2.3，阴糯米率2%，垩白度1级，碱消值5.1级，胶稠度100毫米，直链淀粉含量2.0%，蛋白质含量7.8%。米质达部颁二等优质食用籼糯稻品种标准。（图3-20）

产量表现：2006年参加福建省中稻区试，平均亩产544.26千克，比对照Ⅱ优明86增产0.86%，不显著；2007年续试，平均亩产546.35千克，比对照Ⅱ优明86增产2.21%，不显著；2008年中稻生产试验，平均亩产611.05千克，比对照Ⅱ优明86增产5.33%。

栽培技术要点：作中稻栽培，4月下旬至5月上旬播种。秧龄25~30天为宜，不超过35天。插秧规格20厘米×20厘米，丛插2粒谷。亩施纯氮13~15千克，氮、磷、钾比例以1∶0.6∶0.9，氮肥基肥占60%，追肥和粒肥各占20%。水分管理上苗够烤田，幼穗分化开始复水，孕穗期保持浅水层，抽穗后期干湿交替壮籽，一般收割前5~7天断水，切忌断水过早。及时防治稻瘟病等病虫害。

适宜范围：适宜福建省稻瘟病轻发区作中稻种植，栽培上应注意防治稻瘟病。

图3-20 嘉糯1优6号

21. 恒丰优6107

选育单位：福建省农业科学研究院水稻研究所、广东粤良种业有限公司。

审定情况：2020年福建省审定。

品种来源：恒丰A×福恢6107。

特征特性：全生育期两年区域试验平均154.5天，比对照元丰优明86早熟9.2天。群体整齐，株型适中，分蘖力强，穗大粒多，后期转色好。每亩有效穗数13.4万，株高139.1厘米，穗长26.7厘米，每穗总粒数237.9粒，结实率78.46%，千粒重27.1克。两年稻瘟病抗性鉴定综合评价为中抗稻瘟病。米质检测结果：糙米率81.9%，整精米率53.1%，垩白度2.2%，透明度2级，碱消值5.0级，胶稠度84毫米，直链淀粉含量17.4%，米质达部颁三等优质食用稻品种品质标准。（图3-21）

产量表现：2018年参加福建省中稻感光组区域试验，平均亩产574.46千克，比对照元丰优明86增产4.19%，达极显著水平；2019年续试，平均亩产581.36千克，比对照元丰优明86减产3.99%，达极显著水平。两年区域试验平均亩产577.91千克，比对照元丰优明86增产0.10%。2019年参加生产试验，平均亩产588.63千克，比对照元丰优明86减产0.74%。

栽培技术要点：作中稻种植，秧龄控制在25～30天。插植密度23.3厘米×23.3厘米，丛插2粒谷。亩施纯氮10～12千克，氮、磷、钾比例为1.0∶0.6∶0.8，基肥、分蘖肥、穗肥、粒肥比例为5∶3∶1∶1。水分管理上及时拷田，湿润稳长，后期干湿交替。注意及时防治病虫害。

适宜范围：适宜福建省作中稻种植，栽培上中后期应控氮防倒伏。

图3-21　恒丰优6107

22. 金泰优 99

选育单位：福建农林大学农学院、嘉兴市农业科学研究院、福建金山都种业发展有限公司。

审定情况：2020 年福建省审定。

品种来源：金泰 A×嘉恢 99。

特征特性：全生育期两年区域试验平均 157.9 天，比对照元丰优明 86 早熟 4.3 天。群体整齐，株型适中，后期转色好。株高 129.2 厘米，每亩有效穗 14.57 万，株高 129.2 厘米，穗长 28.57 厘米，每穗总粒数 194.4 粒，结实率 81.37%，千粒重 27.7 克。两年稻瘟病抗性鉴定综合评价为感稻瘟病。米质检测结果：糙米率 81.1%，整精米率 55.4%，垩白度 0.9%，透明度 1 级，碱消值 6.7 级，胶稠度 78 毫米，直链淀粉含量 17.2%，米质达部颁二等优质食用稻品种品质标准。（图 3-22）

产量表现：2018 年参加福建金泰科企联合体中稻感光组区域试验，平均亩产 597.9 千克，比对照元丰优明 86 增产 9.8%，达极显著水平；2019 年续试，平均亩产 573.14 千克，比对照元丰优明 86 增产 1.99%，不显著。两年区域试验平均亩产 585.52 千克，比对照元丰优明 86 增产 5.9%。2019 年参加生产试验，平均亩产 583.30 千克，比对照元丰优明 86 增产 4.44%。

栽培技术要点：作中稻种植，秧龄为 30 天左右。栽插规格以 23 厘米×23 厘米为宜，每穴栽插 2 粒谷苗。亩施纯氮 11~12 千克，氮、磷、钾比例为 1∶0.8∶0.8，基肥、分蘖肥、穗肥、粒肥比例 5∶3∶1∶1。水分管理掌握浅水促蘖、适时烤田、有水抽穗、湿润灌浆、后期干湿交替的原则。根据当地植保部门的预测预报，及时做好病虫防治工作。

适宜范围：适宜福建省稻瘟病轻发区作中稻种植，栽培上注意防治稻瘟病。

图 3-22　金泰优 99

23. 金泰优1057

选育单位：福建农林大学农学院。

审定情况：2020年福建省审定。

品种来源：金泰A×金恢1057。

特征特性：全生育期两年区域试验平均181.5天，比对照元丰优明86迟熟19.3天。群体整齐，株型适中。株高141.2厘米，每亩有效穗13.3万，穗长28.7厘米，每穗总粒数199.8粒，结实率82.89%，千粒重29.0克。叶鞘、叶缘和颖尖紫色。两年稻瘟病抗性鉴定综合评价为感稻瘟病。米质检测结果：糙米率82.1%，整精米率65.3%，垩白度1.0%，透明度1级，碱消值6.3级，胶稠度67毫米，直链淀粉含量16.8%，米质达部颁一等优质食用稻品种品质标准。（图3-23）

产量表现：2018年参加福建金泰科企联合体中稻感光组区域试验，平均亩产572.2千克，比对照元丰优明86增产5.1%，达极显著水平；2019年续试，平均亩产565.24千克，比对照元丰优明86增产0.59%，不显著。两年区域试验平均亩产568.72千克，比对照元丰优明86增产2.84%。2019年参加生产试验，平均亩产576.10千克，比对照元丰优明86增产3.20%。

栽培技术要点：作中稻种植，闽北及高海拔地区不宜太迟播种，秧龄为30~35天。栽插规格以23厘米×23厘米为宜，每穴栽插2粒谷苗。施足基肥，增施磷钾肥，亩施纯氮11~12千克，氮、磷、钾比例1∶0.7∶0.9为宜。基肥、分蘖肥、穗肥、粒肥比例5∶3∶1∶1。够苗及时烤田，控制无效分蘖，提高成穗率。后期干湿交替，适时收获。根据当地植保部门的预测预报，及时做好病虫防治工作。

适宜范围：适宜福建省稻瘟病轻发区作中稻种植，栽培上注意防治稻瘟病。

图3-23 金泰优1057

24. 金泰优明占

选育单位：福建农林大学作物科学学院、福建省三明市农业科学研究院、广西万千种业有限公司。

审定情况：2019年福建省、广西壮族自治区审定。

品种来源：金泰A×双抗明占。

特征特性：全生育期两年区试平均176.3天，比对照元丰优明86迟熟17.8天。群体整齐，株型适中，植株较高，穗大粒多。每亩有效穗数13.3万，株高146.7厘米，穗长28.9厘米，每穗总粒数205.7粒，结实率85.74%，千粒重29.6克。两年稻瘟病抗性鉴定综合评价中感稻瘟病。米质检测结果：糙米率81.2%，整精米率63.3%，垩白度2.6%，透明度1级，碱消值7.0级，胶稠度84毫米，直链淀粉含量18.9%，米质达部颁二等优质食用稻品种品质标准。（图3-24）

产量表现：2017年参加福建省中稻感光组区域试验，平均亩产598.92千克，比对照元丰优明86增产7.20%，达极显著水平；2018年续试，平均亩产600.96千克，比对照元丰优明86增产9.00%，达极显著水平。两年区试平均亩产599.94千克，比对照元丰优明86增产8.10%。2018年福建省中稻感光组生产试验，平均亩产645.22千克，比对照元丰优明86增产13.12%。

栽培技术要点：作中稻种植，闽北及高海拔地区不宜太迟播种，秧龄为30~35天。栽插规格以20厘米×23厘米为宜，每穴栽插2粒谷苗。栽培上重施基肥，早施分蘖肥，亩施纯氮11~12千克，氮、磷、钾比例1:0.7:0.9为宜。基肥、分蘖肥、穗肥、粒肥比例5:3:1:1。水分管理掌握深水返青、浅水分蘖、够苗露晒田、复水抽穗、后期湿润灌溉的原则。注意及时防治病虫害。

适宜范围：适宜福建省稻瘟病轻发区作中稻种植。

图3-24 金泰优明占

25. 野香优 744

选育单位：福建省农业科学院水稻研究所、广西绿海种业有限公司、福建禾丰种业股份有限公司。

审定情况：2020 年福建省审定。

品种来源：野香 A× 福恢 744。

特征特性：全生育期两年区域试验平均 124.7 天，比对照宜优 673 早熟 1.6 天。群体整齐，株型适中，后期转色好。每亩有效穗数 17.6 万，株高 114.1 厘米，穗长 21.8 厘米，每穗总粒数 152.1 粒，结实率 80.65%，千粒重 24.6 克。两年稻瘟病抗性综合评价为中抗稻瘟病。米质检测结果：糙米率 82.7%，整精米率 67.4%，垩白度 0.7%，透明度 1 级，碱消值 6.9 级，胶稠度 68 毫米，直链淀粉含量 16.0%，米质达部颁一等优质食用稻品种品质标准。（图 3-25）

产量表现：2018 年参加福建省晚稻迟熟组区域试验，平均亩产 521.06 千克，比对照宜优 673 减产 0.47%，不显著；2019 年续试，平均亩产 541.61 千克，比对照宜优 673 增产 8.31%，达极显著水平。两年区域试验平均亩产 531.33 千克，比对照宜优 673 增产 3.92%。2019 年参加生产试验，平均亩产 533.22 千克，比对照宜优 673 增产 2.17%。

栽培技术要点：作晚稻种植，秧龄为 25~30 天。插植密度 20 厘米 ×20 厘米，丛插 2 粒谷。亩施纯氮 10~12 千克，氮、磷、钾比例为 1.0：0.6：1.0，基肥、分蘖肥、穗肥、粒肥比例为 5：3：1：1。水分管理掌握浅水促蘖、适时烤田、有水抽穗、湿润灌浆、后期干湿交替的原则。注意及时防治病虫害。

适宜范围：适宜福建省作晚稻种植，栽培上中后期应控氮防倒伏。

图 3-25　野香优 744

26．泰优 2165

选育单位：福建省农业科学院水稻研究所、广东省农业科学院水稻研究所。

审定情况：2018 年福建省审定。

品种来源：泰丰 A× 福恢 2165。

特征特性：全生育期两年区试平均 122.3 天，比对照宜优 673 早熟 2.2 天。群体整齐，株型适中，后期转色好。每亩有效穗数 17.8 万，株高 112.5 厘米，穗长 22.8 厘米，每穗总粒数 148.4 粒，结实率 83.15%，千粒重 27.5 克。两年稻瘟病抗性鉴定综合评价为中感稻瘟病。米质检测结果：糙米率 79.4%、整精米率 66.1%、垩白度 0.3%、透明度 1 级、碱消值 6.8 级、胶稠度 74 毫米、直链淀粉含量 16.3%、蛋白质含量 7.3%，米质达部颁二等优质食用稻品种品质标准。（图 3-26）

产量表现：2016 年初试，平均亩产 497.19 千克，比对照宜优 673 增产 2.53%，达显著水平；2017 年续试，平均亩产 544.92 千克，比对照宜优 673 增产 3.03%，达极显著水平，两年区试平均亩产 521.05 千克，比对照宜优 673 增产 2.80%。2017 年参加福建省晚稻生产试验，平均亩产 479.27 千克，比对照宜优 673 减产 1.01%。

栽培技术要点：作晚稻种植，秧龄为 25～30 天。插植密度 20 厘米×20 厘米，丛插 2 粒谷。亩施纯氮 10 千克，氮、磷、钾比例为 1.0：0.9：1.0，基肥、分蘖肥、穗肥、粒肥比例为 5：3：1：1。水分管理掌握浅水促蘖、适时烤田、有水抽穗、湿润灌浆、后期干湿交替的原则。注意及时防治病虫害。

适宜范围：适宜福建省稻瘟病轻发区作晚稻种植，栽培上中后期应控氮防倒伏，注意防治稻瘟病。

图 3-26　泰优 2165

27. 泰丰优 656

选育单位:福建省农业科学院水稻研究所、广东省农业科学院水稻研究所。

审定情况:2013 年福建省审定。

品种来源:泰丰 A×福恢 656。

特征特性:全生育期两年区试平均 122.3 天,比对照谷优 527 早熟 6.1 天。群体整齐,植株较高,穗大粒多,后期转色好。每亩有效穗数 17.1 万,株高 112.9 厘米,穗长 24.2 厘米,每穗总粒数 145.7 粒,结实率 80.41%,千粒重 28.6 克。两年稻瘟病抗性鉴定综合评价为中感稻瘟病,其中将乐黄潭点、南靖农科所点鉴定为感稻瘟病。米质检测结果:糙米率 82.2%、精米率 73.0%、整精米率 56.5%、粒长 7.6 毫米、长宽比 3.4、垩白粒率 30%、垩白度 5.3%、透明度 2 级、碱消值 5.2 级、胶稠度 74 毫米、直链淀粉含量 15.1%、蛋白质含量 8.6%。(图 3-27)

产量表现:2010 年参加福建省晚稻区试,平均亩产 459.2 千克,比对照谷优 527 增产 3.08%,达极显著水平;2011 年续试,平均亩产 473.33 千克,比对照谷优 527 增产 5.31%,达极显著水平;两年区试平均亩产比对照增产 4.20%。2012 年参加福建省晚稻生产试验,平均亩产 552.43 千克,比对照谷优 527 增产 9.26%。

栽培技术要点:作晚稻种植,秧龄为 25~30 天。插植密度 20 厘米×20 厘米,丛插 2 粒谷。亩施纯氮 10 千克,氮、磷、钾比例为 1.0∶0.6∶1.0,基肥、分蘖肥、穗粒肥比例为 5∶3∶2。水分管理掌握浅水促蘖、适时烤田、有水抽穗、湿润灌浆、后期干湿交替的原则。注意及时防治病虫害。

适宜范围:适宜福建省稻瘟病轻发区作晚稻种植,栽培上中后期应控氮防倒伏,注意防治稻瘟病。

图 3-27 泰丰优 656

28. 泰丰优3301

选育单位：福建省农业科学院生物技术研究所、广东省农业科学院水稻研究所。

审定情况：2012年福建省审定。

品种来源：泰丰A×闽恢3301。

特征特性：全生育期两年区试平均117.9天，比对照谷优527早熟5.6天。群体整齐，株型适中，植株较高，后期转色好。每亩有效穗数18.0万，株高110.7厘米，穗长23.7厘米，每穗总粒数137.1粒，结实率80.31%，千粒重28.9克。两年稻瘟病抗性鉴定综合评价为中感稻瘟病，其中将乐黄潭点、宁德农科所点鉴定为感稻瘟病。米质检测结果：糙米率83.2%，精米率73.9%，整精米率54.4%，长宽比3.6，垩白粒率20.0%，垩白度3.8%，透明度2级，碱消值3.2级，胶稠度84.0毫米，直链淀粉含量16.4%，蛋白质含量8.7%。（图3-28）

产量表现：2009年参加福建省晚稻区试，平均亩产479.08千克，比对照谷优527增产2.08%，达显著水平；2010年续试，平均亩产474.70千克，比对照谷优527增产3.24%，达极显著水平。2011年参加福建省晚稻生产试验，平均亩产516.8千克，比对照谷优527增产3.30%。

栽培技术要点：作晚稻种植，秧龄25~30天。插植密度20厘米×20厘米，丛插2粒谷。亩施纯氮10~12千克，氮、磷、钾比例为1∶0.5∶1，基肥、蘖肥、穗肥、粒肥比例为5∶3∶1∶1，中后期要注意控制氮肥。水分管理掌握深水返青、浅水促蘖、适时烤田、后期干湿交替的原则。注意及时防治病虫害。

适宜范围：适宜福建省稻瘟病轻发区作晚稻种植，栽培上应注意防治稻瘟病。

图3-28 泰丰优3301

29. 晶两优534

选育单位：袁隆平农业高科技股份有限公司、广东省农业科学院水稻研究所、深圳隆平金谷种业有限公司、湖南隆平高科种业科学研究院有限公司。

审定情况：2018年福建省、广西壮族自治区审定，2017年、2018年、2019年国家审定。

品种来源：晶4155S×R534。

特征特性：全生育期两年区试平均127.0天，比对照宜优673迟熟1.2天。群体整齐，株型适中，后期转色好。每亩有效穗数17.7万，株高106.3厘米，穗长23.2厘米，每穗总粒数165.3粒，结实率81.62%，千粒重24.1克。两年稻瘟病抗性鉴定综合评价为中感稻瘟病。米质检测结果：糙米率81.7%，精米率73.9%，整精米率68.4%，粒长6.5毫米，长宽比3.1，垩白粒率2%，垩白度0.5%，透明度1级，碱消值6.8级，胶稠度76毫米，直链淀粉含量15.5%，蛋白质含量9.2%，米质达部颁一等优质食用稻品种品质标准。（图3-29）

产量表现：2016年初试，平均亩产484.00千克，比对照宜优673增产7.32%，达极显著水平；2017年续试，平均亩产544.44千克，比对照宜优673增产3.24%，达极显著水平。两年区试平均亩产514.22千克，比对照宜优673增产5.28%。2017年参加福建省晚稻生产试验，平均亩产517.66千克，比对照宜优673增产7.61%。

栽培技术要点：作晚稻种植，秧龄为20～25天。插植密度20厘米×20厘米，丛插2粒谷。亩施纯氮11千克，氮、磷、钾比例为1.0∶0.6∶1.0，基肥、分蘖肥、穗肥、粒肥比例为5∶3∶1∶1。水分管理掌握浅水促蘖、适时烤田、有水抽穗、湿润灌浆、后期干湿交替的原则。注意及时防治病虫害。

适宜范围：适宜福建省稻瘟病轻发区作晚稻种植，栽培上注意防治稻瘟病。

图3-29 晶两优534

30. 甬优2640

选育单位：宁波市种子有限公司。

审定情况：2016年福建省区域性审定，2016年福建省引种备案，2017年被农业部确定为超级稻品种。

品种来源：甬粳26A×F7540。

特征特性：作早稻种植，全生育期两年区试平均135天，比对照丰两优1号迟熟5天。群体整齐，株型适中，穗大粒多，后期转色好。每亩有效穗数14.05万，株高103.0厘米，穗长22厘米，每穗总粒数238.5粒，结实率91.7%，千粒重24.3克。经莆田市瘟病抗性鉴定综合评价为中感稻瘟病。米质检测结果：糙米率82.2%，精米率73.8%，整精米率41.0%，粒长5.4毫米，长宽比2.2，垩白粒率10.0%，垩白度2.1%，透明度2级，碱消值6.4级，胶稠度78毫米，直链淀粉含量14.1%，蛋白质含量10.7%。(图3-30)

产量表现：2013年参加莆田市早稻区试，平均亩产651.8千克，比对照丰两优1号增产21.9%，达极显著水平；2014年续试，平均亩产730.6千克，比对照丰两优1号增产26.5%，达极显著水平。2015年参加莆田市早稻生产试验，平均亩产654.9千克，比对照丰两优1号增产21.2%。

栽培技术要点：在莆田市作早稻种植，秧龄30天左右。插植密度20厘米×30厘米，丛插2粒谷。亩施纯氮13千克，氮、磷、钾比例为1∶0.6∶1，基肥、分蘖肥、穗肥、粒肥比例为5∶3∶1∶1。水分管理掌握深水返青、浅水分蘖、够苗及时晒田、孕穗抽穗期保持浅水层、灌浆结实期干湿交替的原则，后期切忌断水过早。注意及时防治病虫害。

适宜范围：适宜莆田市稻瘟病轻发区作早稻种植，福建省稻瘟病轻发区作晚稻种植，并可作为机收再生稻种植。栽培上注意防治稻瘟病。

图3-30 甬优2640

31. 泸优明占

选育单位：福建六三种业有限责任公司、四川省农业科学院水稻高粱研究所、福建省三明市农业科学研究所。

审定情况：2013年福建省审定，2012年云南省审定。

品种来源：泸香618A×双抗明占。

特征特性：全生育期两年区试平均126.9天，比对照谷优527早熟0.7天。群体整齐，穗大粒多，后期转色好。每亩有效穗17.5万，株高106.0厘米，穗长24.7厘米，每穗总粒数154.1粒，结实率77.38%，千粒重26.7克。两年稻瘟病抗性鉴定综合评价为感稻瘟病，其中南平农科所点鉴定为高感稻瘟病。米质检测结果：糙米率82.6%，精米率73.8%，整精米率49.4%，粒长7.2毫米，长宽比3.4，垩白粒率20.0%，垩白度3.1%，透明度1级，碱消值7.0级，胶稠度78毫米，直链淀粉含量17.8%，蛋白质含量9.4%。（图3-31）

产量表现：2010年参加福建省晚稻区试，平均亩产465.60千克，比对照谷优527增产4.52%，达极显著水平；2011年续试，平均亩产475.47千克，比对照谷优527增产8.40%，达极显著水平；两年区试平均亩产比对照增产6.44%。2012年参加福建省晚稻生产试验，平均亩产538.37千克，比对照谷优527增产6.48%。

栽培技术要点：作晚稻种植，秧龄为25～30天。插植密度20厘米×23厘米，丛插2粒谷。亩施纯氮12千克，氮、磷、钾比例为1∶0.7∶0.9。基肥、分蘖肥、穗粒肥比例5∶3∶2。水分管理掌握浅水促蘖、适时烤田、有水抽穗、湿润灌浆、后期干湿交替的原则。注意及时防治病虫害。

适宜范围：适宜福建省稻瘟病轻发区作晚稻种植，也适合作再生稻种植，栽培上注意防治稻瘟病。

图3-31 泸优明占

32. 启优 2165

选育单位：福建省农业科学院水稻研究所、福建省福瑞华安种业科技有限公司。

审定情况：2020 年福建省审定。

品种来源：启源 A×福恢 2165。

特征特性：全生育期两年区域试验平均 118.5 天，比对照天优华占早熟 2.3 天。株型适中，后期转色好，每亩有效穗数 15.9 万，株高 102.7 厘米，穗长 23.2 厘米，每穗总粒数 162.6 粒，结实率 83.47%，千粒重 26.7 克。两年稻瘟病抗性鉴定综合评价为抗稻瘟病。米质检测结果：糙米率 82.3%，整精米率 57.0%，垩白度 1.4%，透明度 1 级，碱消值 7.0 级，胶稠度 76 毫米，直链淀粉含量 15.9%，米质达部颁二等优质食用稻品种品质标准。（图 3-32）

产量表现：2018 年参加福建省晚稻中熟组区域试验，平均亩产 537.33 千克，比对照天优华占减产 0.28%，不显著；2019 年续试，平均亩产 509.26 千克，比对照天优华占减产 2.93%，达极显著水平。两年区域试验平均亩产 523.30 千克，比对照天优华占减产 1.60%。2019 年参加生产试验，平均亩产 494.30 千克，比对照天优华占减产 4.44%。

栽培技术要点：作晚稻种植，秧龄为 25~30 天。栽插规格以 20 厘米×20 厘米为宜，每穴栽插 2 粒谷苗。栽培上重施基肥，早施分蘖肥，配施有机肥及磷、钾肥，亩施纯氮 8~10 千克，氮、磷、钾比例为 1.0∶0.6∶0.9。水分管理掌握浅水促蘖、够苗及时烤田、复水抽穗、后期湿润灌溉的原则。注意及时防治病虫害。

适宜范围：适宜福建省作晚稻种植。

图 3-32　启优 2165

33. 福玖优 2165

选育单位：福建省农业科学研究院水稻研究所。

审定情况：2020 年福建省审定。

品种来源：福玖 A× 福恢 2165。

特征特性：全生育期两年区域试验平均 124.4 天，比对照宜优 673 早熟 1.4 天。株型适中，群体整齐，后期转色好，每亩有效穗数 16.3 万，株高 109.2 厘米，穗长 22.4 厘米，每穗总粒数 173.9 粒，结实率 81.19%，千粒重 25.8 克。两年稻瘟病抗性鉴定综合评价为抗稻瘟病。米质检测结果：糙米率 82.4%，整精米率 59.9%，垩白度 1.8%，透明度 1 级，碱消值 7.0 级，胶稠度 64 毫米，直链淀粉含量 16.1%；米质达部颁二等优质食用稻品种品质标准。（图 3-33）

产量表现：2018 年参加福建省晚稻迟熟组区域试验，平均亩产 534.07 千克，比对照宜优 673 增产 0.84%，不显著；2019 年续试，平均亩产 546.88 千克，比对照宜优 673 增产 9.36%，达极显著水平。两年区域试验平均亩产 540.47 千克，比对照宜优 673 增产 5.10%。2019 年参加生产试验，平均亩产 550.35 千克，比对照宜优 673 增产 5.32%。

栽培技术要点：作晚稻种植，秧龄为 25~30 天。栽插规格以 20 厘米×20 厘米为宜，每穴栽插 2 粒谷苗。栽培上重施基肥，早施分蘖肥，配施有机肥及磷、钾肥，亩施纯氮 8~10 千克，氮、磷、钾比例为 1.0：0.6：0.9。水分管理掌握浅水促蘖、够苗及时烤田、复水抽穗、后期湿润灌溉的原则。注意及时防治病虫害。

适宜范围：适宜福建省作晚稻种植。

图 3-33 福玖优 2165

34. 野香优靓占

选育单位：福建禾丰种业股份有限公司、江西省农业科学院水稻研究所、广西绿海种业有限公司。

审定情况：2020年福建省、江西省审定。

品种来源：野香A×靓占。

特征特性：全生育期两年区域试验平均121.3天，比对照天优华占早熟1.1天。群体整齐，株型适中，分蘖力强，后期转色好，粒重较轻。每亩有效穗17.7万，株高116.1厘米，穗长22.8厘米，每穗总粒数196.6粒，结实率85.10%，千粒重22.3克。两年稻瘟病抗性鉴定综合评价为中抗稻瘟病。米质检测结果：糙米率81.3%，整精米率62.3%，垩白度0.3%，透明度1级，碱消值7.0级，胶稠度72毫米，直链淀粉含量18.3%，米质达部颁二等优质食用稻品种品质标准。（图3-34）

产量表现：2018年参加厦门大学种业创新科企联合体晚稻中熟组区域试验，平均亩产568.94千克，比对照天优华占减产3.49%，达显著水平；2019年续试，平均亩产572.07千克，比对照天优华占减产2.81%，达显著水平；两年区域试验平均亩产570.51千克，比对照天优华占减产3.15%；2019年参加生产试验，平均亩产549.08千克，比对照天优华占增产0.25%。

栽培技术要点：作晚稻种植，秧龄为25天。栽插规格以20厘米×20厘米或20厘米×23厘米为宜，每穴栽插2粒谷苗。栽培上重施基肥，早施分蘖肥，配施有机肥及磷、钾肥，亩施纯氮10~12千克，氮、磷、钾比例1∶0.7∶0.9为宜，基肥、分蘖肥、穗肥、粒肥比例5∶3∶1∶1。水分管理掌握深水返青、浅水分蘖、够苗晒田、复水抽穗、后期湿润灌溉的原则。注意及时防治病虫害。

适宜范围：适宜福建省作晚稻种植。

图3-34 野香优靓占

35. 明轮臻占

选育单位：福建省农业科学研究院水稻研究所。

审定情况：2019年福建审定。

品种来源：三明显性核不育株/明1101。

特征特性：全生育期两年试验平均125.8天，比对照宜优673迟熟1.5天。群体整齐，株型适中，每亩有效穗数16.2万，株高119.8厘米，穗长27.3厘米，每穗总粒数153.4粒，结实率81.59%，千粒重26.4克。两年稻瘟病抗性鉴定综合评价中感稻瘟病。米质检测结果：糙米率80.5%，整精米率58.1%，垩白度0.9%，透明度1级，碱消值6.9级，胶稠度72毫米，直链淀粉含量16.2%，稻米具清香味，在2019年福建省优质稻品种食味鉴评活动中，综合评分第一名。（图3-35）

产量表现：2017年参加自行组织的优质香稻品种试验，平均亩产485.94千克，比对照宜优673减产6.03%；2018年续试，平均亩产488.83千克，比对照宜优673减产6.22%。两年品比试验平均亩产487.39千克，比对照宜优673减产6.13%。

栽培技术要点：作晚稻种植，秧龄为25天以内。栽插规格以23厘米×23厘米为宜，每穴栽插2粒谷苗。栽培上重施基肥，早施分蘖肥，配施有机肥及磷、钾肥，亩施纯氮10~12千克，氮、磷、钾比例1∶0.7∶0.9为宜。基肥、分蘖肥、穗肥、粒肥比例5∶3∶1∶1。水分管理掌握深水返青、浅水分蘖、够苗露晒田、复水抽穗、后期湿润灌溉的原则。注意及时防治病虫害。

适宜范围：适宜三明市稻瘟病轻发区作晚稻种植，注意防治稻瘟病。

图3-35 明轮臻占

36．金油占

选育单位：科荟种业股份有限公司。

审定情况：2020年福建省审定。

品种来源：金农丝苗/南油占。

特征特性：全生育期两年区域试验平均122.4天，比对照天优华占早熟0.4天。群体整齐，株型适中，熟期转色好，粒重较轻，每亩有效穗数17.9万，株高104.1厘米，穗长21.5厘米，每穗总粒数176.6粒，结实率82.4%，千粒重22.1克。两年稻瘟病抗性鉴定综合评价为中抗稻瘟病。米质检测结果：糙米率79.1%，整精米率64.0%，粒长7.8毫米，长宽比4.1，垩白度0.2%，透明度1级，碱消值6.5级，胶稠度82毫米，直链淀粉含量15.4%。米质达部颁二等优质食用稻品种品质标准。（图3-36）

产量表现：2018年参加福建省科荟种业优质稻品种试验联合体区域试验，平均亩产510.58千克，比对照天优华占减产3.51%，达极显著水平；2019年续试，平均亩产572.26千克，比对照天优华占增产0.87%，不显著；两年区域试验平均亩产541.42千克，比对照天优华占减产1.32%；2019参加生产试验，平均亩产501.90千克，比对照天优华占增产1.89%。

栽培技术要点：作晚稻种植，秧龄为25~30天。插植密度20厘米×20厘米，丛插2~3粒谷。亩施纯氮10~12千克，氮、磷、钾比例为1.0：0.5：0.8，基肥、分蘖肥、穗肥、粒肥比例为5：3：1：1。水分管理掌握取浅水促蘖、适时烤田、有水抽穗、湿润灌浆、后期干湿交替的原则。注意及时防治病虫害。

适宜范围：适宜福建省作晚稻种植。

图3-36　金油占

37．明1优臻占

选育单位：三明市茂丰农业科技开发有限公司、三明市农业科学研究院。

审定情况：2021年福建省、国家审定。

品种来源：明1A×明轮臻占。

特征特性：福建省作晚稻种植，全生育期两年区试平均129.1天，比对照宜优673迟熟1.0天。群体整齐，株型适中，穗大粒多。每亩有效穗数17.0万，株高111.9厘米，穗长25.8厘米，每穗总粒数150.5粒，结实率78.25%，千粒重26.8克。两年稻瘟病抗性鉴定综合评价为高感稻瘟病。米质检测结果：糙米率81.5%，整精米率58.3%，垩白度1.1%，透明度1级，碱消值6.8级，胶稠度66毫米，直链淀粉含量14.9%，米质达部颁二等优质食用稻品种品质标准。（图3-37）

产量表现：2019年参加福建省晚稻区域试验，平均亩产508.95千克，比对照宜优673增产1.90%，达显著水平；2020年续试，平均亩产508.24千克，比对照宜优673增产3.00%，达极显著水平。两年平均亩产508.60千克，比对照宜优673增产2.45%。2020年参加福建省晚稻生产试验，平均亩产486.96千克，比对照宜优673减产1.81%。

栽培技术要点：作晚稻种植，秧龄为25天以内。栽插规格以20厘米×20厘米为宜，每穴栽插2粒谷苗。栽培上重施基肥，早施分蘖肥，配施有机肥及磷、钾肥。水分管理掌握深水返青、浅水分蘖、够苗露晒田、复水抽穗、后期湿润灌溉的原则。注意及时防治病虫害。

适宜范围：适宜福建省稻瘟病轻发区作晚稻种植，栽培上注意防治稻瘟病。

图3-37 明1优臻占

38. 紫两优737

选育单位：福建省农业科学研究院水稻研究所。

审定情况：2019年云南省审定，2020年福建省审定，2021年安徽省审定，2021年广西壮族自治区引种备案。

品种来源：紫392S×福恢737。

特征特性：全生育期两年区域试验平均122.9天，比对照宜优673早熟2.9天。群体整齐，株型适中，剑叶挺直。每亩有效穗数16.3万，株高108.4厘米，穗长23.7厘米，每穗总粒数172.4粒，结实率79.33%，千粒重24.7克。两年稻瘟病抗性鉴定综合评价为感稻瘟病。米质检测结果：糙米率79.3%，整精米率65.1%，碱消值7.0级，胶稠度97毫米，直链淀粉含量2.1%。糙米紫黑色。（图3-38）

产量表现：2018年参加福建省晚稻特种稻组新品种区域试验，平均亩产498.37千克，比对照宜优673减产4.39%，达显著水平；2019年续试，平均亩产502.36千克，比对照宜优673减产3.26%，达极显著水平。两年区域试验平均亩产500.36千克，比对照宜优673减产3.82%。

栽培技术要点：作晚稻种植，秧龄为25~30天。栽插规格以16.7厘米×20厘米或20厘米×20厘米为宜，每穴栽插2粒谷苗。栽培上重施基肥，早施分蘖肥，配施有机肥及磷、钾肥。亩施纯氮10千克，氮、磷、钾比例为1.0∶0.6∶0.9，基肥、分蘖肥、穗肥、粒肥比例为5∶3∶1∶1。水分管理掌握深水返青、浅水分蘖、够苗露晒田、复水抽穗、后期湿润灌溉的原则。注意及时防治病虫害。

适宜范围：适宜福建省稻瘟病轻发区作晚稻种植。栽培上注意防治稻瘟病。

图3-38 紫两优737

39．东联红

选育单位：南安市码头东联农业科技示范场。

审定情况：2020年福建省审定。

品种来源：东联5号×本地红米早。

特征特性：全生育期两年区域试验平均126.4天，比对照宜优673迟熟0.6天。群体整齐，株型适中，后期转色好，粒重较轻。每亩有效穗数17.6万，株高102.4厘米，穗长22.5厘米，每穗总粒数158.8粒，结实率87.30%，千粒重22.9克。两年稻瘟病抗性鉴定综合评价为感稻瘟病。米质检测结果：糙米率82.0%，整精米率63.1%，垩白度2.6%，透明度2级，碱消值6.7级，胶稠度70毫米，直链淀粉含量15.7%，糙米红色，米质达部颁二等优质食用稻品种品质标准。（图3-39）

产量表现：2018年参加福建省晚稻特种稻新品种区域试验，平均亩产488.47千克，比对照宜优673减产6.29%，达极显著水平；2019年续试，平均亩产539.19千克，比对照宜优673增产3.84%，达极显著水平。两年区域试验平均亩产513.83千克，比对照宜优673减产1.23%。

栽培技术要点：在福建作晚稻种植，闽中于7月初、闽南于7月中旬播种，秧龄15～20天；闽西北地区和闽东地区于6月下旬播种，秧龄25天左右。亩插1.4万～1.5万丛，丛插6～7本，要求基本苗达到8万苗以上。施足基肥，早施分蘖肥，巧施穗肥，亩施纯氮12千克，氮、磷、钾比例为1.0∶0.5∶0.8，基肥、分蘖肥、穗肥、粒肥比例为5∶3∶1∶1。科学做好水肥管理。浅水插秧，深水护苗；浅水促蘖，够苗烤田；后期干湿交替，保根养叶，增加千粒重。注意及时防治病虫害，稻瘟病重发区应注意加强防治。

适宜范围：适宜福建省稻瘟病轻发区作晚稻种植。

图3-39　东联红

40．闽红两优 727

选育单位：福建亚丰种业有限公司、福建省农业科学院水稻研究所、四川省农业科学院作物研究所。

审定情况：2018 年福建省审定，2019 年云南省审定。

品种来源：闽红 249S× 成恢 727。

特征特性：全生育期两年区试平均 122.4 天，比对照宜优 673 早熟 2.6 天。群体整齐，株型适中，后期转色好。每亩有效穗数 18.6 万，株高 105.1 厘米，穗长 22.7 厘米，每穗总粒数 126.4 粒，结实率 82.71%，千粒重 27.4 克。两年稻瘟病抗性鉴定综合评价中感稻瘟病。米质检测结果：糙米率 82.3%，整精米率 56.3%，垩白度 1.8%，透明度 2 级，碱消值 5.2 级，胶稠度 70 毫米，直链淀粉含量 14.5%，糙米棕红色。（图 3-40）

产量表现：2016 参加福建省晚稻特种稻新品种区域试验，平均亩产 407.6 千克，比对照宜优 673 减产 2.63%，不显著；2017 年续试，平均亩产 482.24 千克，比对照宜优 673 减产 0.13%，不显著。两年区试平均亩产 444.92 千克，比对照宜优 673 减产 1.38%。

栽培技术要点：在福建作晚稻种植，一般 5 月底或 6 月上旬播种，秧龄 30 天左右，培育多蘖适龄壮秧。插植密度 20 厘米 ×20 厘米，丛插 1～2 粒谷。科学做好水肥管理。施足基肥，早施分蘖肥，巧施穗肥，亩施纯氮 12～15 千克，氮、磷、钾比例为 1.0∶0.5∶0.8，基肥、分蘖肥、穗肥、粒肥比例为 5∶3∶1∶1。水分管理掌握浅水促蘖、适时烤田、有水抽穗、湿润灌浆、后期干湿交替的原则。注意及时防治病虫害，稻瘟病重发区应注意加强防治。

适宜范围：适宜福建省稻瘟病轻发区作晚稻种植，栽培上注意防治稻瘟病。

图 3-40　闽红两优 727

四、水稻育秧与移栽技术

20世纪50年代前，传统育秧方式主要是以大秧板水秧为主，在气温不稳定的情况下，常发生严重的烂种烂秧和死苗现象。20世纪50年代中后期，为了适应各地自然环境、品种类型和耕作制度的需要，广大农民群众和农业科技工作者在生产实践中创造了多种育秧方式，如改大秧板为畦厢式秧田，改水育秧为湿润育秧。20世纪60年代中后期，为适应双季稻面积的迅速扩大，为争取农时，创造了各种各样的保温育秧方法，如温室育秧、铲秧、薄膜育秧等。20世纪80年代后，又引进旱育秧、塑料软盘育秧等。

目前，采用最多的是薄膜育秧、湿润育秧、软盘育秧和旱育秧等。

（一）播种期选择

播种期是否合理，不但对培育壮秧、防止烂秧具有重要意义，而且关系到早稻孕穗期能否避过梅雨寒、晚稻能否在秋寒来临前安全齐穗的问题。

南方山地地形地势复杂，海拔悬殊，稻田分布从海拔几米的沿海平原至千米以上的内陆山区，气候差异很大，耕作制度多种多样，而且水稻品种繁多。因此，确定合适的播种期，要因地制宜，根据气候条件及寒害发生规律来确定。

影响福建等地水稻生产的低温寒害，主要有3个时期：一是早春2~3月双季早稻播种育秧季节，常受北方冷空气袭击，引起烂秧死苗，称为"倒春寒"；二是小满至芒种，双季早稻早、中熟品种正处于孕穗或抽穗扬花阶段，对低温反应特别敏感，此时常受低温梅雨的危害，影响早稻正常孕穗、开花，导致结实率下降，称为"五月寒"或"梅雨寒"；三是秋分前后至寒露，连作晚稻正处开花、受精阶段，常遭受北方寒流南下袭击，气温骤降，并出现阴雨或吹晴冷干风，影响安全抽穗开花，轻者造成结实率低，重者造成只孕不穗，以致绝收，称为"秋寒"或"寒露风"。认识寒害的发生规律，利用天气预报，配合栽培管理措施，就可以掌握防避"三寒"的主动权。

1. 避过"倒春寒"，安全播种

根据历年气候变化规律和当年气温回升的实际情况，确定播种期，做到"播种时期看常年，播种日期看当前"。抓住冷头浸种，冷尾催芽，冷尾暖头抢晴播种。

2. 避过"梅雨寒"，安全孕穗

根据安全孕穗期来确定早稻播种期，是防避"梅雨寒"的关键。早稻从孕穗至抽穗需经历10天左右，抽穗至成熟30天左右。这段生育期，早稻各品种间都较稳定。因此，将各品种常年的全生育期天数，扣除孕穗至成熟的天数（40天），即为播种至孕穗的天数。再以当地安全孕穗期为基准点，往前推算，就可求出该品种在当地的最早的适宜播种期。

3. 避过"寒露风"，安全齐穗

根据安全齐穗期来确定晚稻播种期，是防避"寒露风"的关键。如能了解某一品种的生育期，就可以根据当地安全齐穗期推算出安全播种期。生产上把日平均气温连续3天低于20℃（常规稻）和23℃（杂交稻）的开始期，定为安全齐穗终止期。不同的水稻品种类型，由于抽穗扬花期对低温抵抗能力不同，安全齐穗期也不一样。同一地区不同年度变化幅度也相当大，生产上要求高产稳产，应以80%保证日期为标准，也就是保证80%的年份能在安全齐穗期前齐穗。

福建省地理条件复杂，晚稻安全齐穗期有很大差异。闽西北内陆山区（海拔300~500米）常年安全齐穗期在9月20~25日前，高山区（600米以上）在9月10~15日前；闽西南中海拔山区、谷地及闽东沿海平原，常年安全齐穗期在9月30日至10月5日前；而闽东南沿海平原，常年晚稻在10月10~15日齐穗也能安全过关。

(二)培育壮秧与移栽技术

1. 稻种萌发、幼苗生长与环境条件

(1)稻种的休眠和寿命

籼稻种子一般无休眠期,粳稻则表现一定的休眠期。播种前晒种有利于解除休眠,提高发芽率。种子在通常的贮藏条件下,第一年发芽率很高,第二年则大大下降。若在干燥、低温并隔绝空气的环境下贮藏,多年后仍有较高的发芽率。

(2)水分

水稻种子贮藏的安全含水量为13%,吸水达到饱和时,即粳稻种子含水量为其风干重的25%,籼稻为30%,才能整齐发芽。种子吸水速度与温度关系密切,恒温时30℃下需40小时可吸足水分,20℃需60小时,10℃则需90小时。

(3)温度

粳稻发芽的最低温度为10℃,籼稻为12℃。稻种发芽适温28~32℃,最高温度40~42℃。稻种在适温条件下发芽整齐,各品种间最适温度相差不大,但最高温度差异明显。出苗及幼苗生长最低温比发芽最低温高2℃,16℃以上可顺利出苗。幼苗期能抵抗一定低温,但这种能力随叶龄增加而降低。幼苗如长期处于15℃以下的温度,叶片易黄化。

(4)氧气

种子发芽需要氧气,淹水稻种发芽则形成弱苗,其胚芽鞘的生长速度远比有空气时快。幼苗的根与叶生长也需充足的氧,只有有氧呼吸才能提供足够的能量促使有关酶活化和物质转化。水稻的无氧呼吸系统比旱作物发达,但提供的能量少,只能使胚芽鞘伸长而无力驱动根叶生长。水稻三叶期形成特有的通气组织后,在淹水条件下的适应性才显著提高。

(5)营养

水稻萌发和幼苗生长早期以胚乳营养为主,一叶期时胚乳养分已消耗一半,至2.2叶时,胚乳的营养仅余8%。习惯上以三叶期为离乳期。离乳期后水稻进入自养生长期。如水稻幼苗中磷、钾含量高则抗寒能力强,所以苗期磷、钾营养很重要,但低温下幼苗对磷、钾吸收能力弱。

（6）土壤pH

微酸性土壤有利幼苗生长，工厂化盘土育秧和旱育秧，土壤pH应调至4.5～5.5，可抑制立枯病，有利于培育壮秧。

2. 壮秧的形态与特征

壮秧是高产的基础，俗话说"秧好半年稻"就是这个道理。培育适龄壮秧，是保面积、保季节、保密植、夺高产的重要措施。因此，培育秧龄适宜、整齐健壮、无病害的水稻秧苗，是育秧的基本要求。

壮秧的增产作用表现在如下几个方面：能够充分发挥良种的稳产性和优势；能够提高抗逆力，减少不利气候因素的影响，特别是晚稻，壮秧能够减少败苗；有利早发，能够争取时间的主动；稀播壮秧弹性大，可适当延长秧龄，缓和季节，能够保证农活质量；能够适当减少用种量。

水稻秧苗可分为小苗、中苗、大苗。小苗一般系指3叶期内移栽的秧苗，中苗一般指3.0～4.5叶内移栽的秧苗，大苗一般指4.5～6.5叶移栽的秧苗。对于不同类型的秧苗，尽管壮秧的标准不尽相同，但在形态和生理上具有共同的特征。壮秧的形态特征是茎基宽扁，叶色绿中带黄，根多色白，植株矮健，秧龄适宜；4片叶以上的壮秧的形态特征是长出分蘖，整齐，无病害。壮秧的生理特点是光合能力强，干物质生产、积累多，碳氮比为15左右，发根力强，抗逆性好。

3. 培育壮秧技术

（1）秧田的选择

湿润育秧的秧田应选择地势平坦、排灌方便、不易受涝、水源清洁、阳光充足、杂草较少、肥力中等的田块。

（2）秧床的制作

播种前约1周做秧板。秧田整地宜水耕水整，整成畦宽130厘米、沟宽33厘米、畦高16厘米的秧板，达到"耕透整平，耙烂拾净"的标准。整地时每亩施500～750千克腐熟人粪尿或亩施20千克复合肥（氮、磷、钾的含量均为15%）作基肥，撒施于毛秧板，使肥料与表土混合，然后耥平。秧板做好后，灌水上秧板，然后喷除草剂封杀秧田杂草。秧板上水4～6厘米深，保持4～5天后排水播种。播种前2天施碳酸氢铵15～20千克、氯化钾5～7.5千克。

（3）晒种与浸种

选用质量达标种子。浸种前选晴天晒种1~2天，每天翻动3~4次。稻种可用清水或比重为1.05的盐水选种；小包装杂交稻种子若选种，选出秕谷后要单独浸种催芽。浸种时可结合消毒，如用三氯异氰脲酸粉（强氯精）浸种。先用清水预浸1~2天（早稻2天），再用85%三氯异氰脲酸粉300倍液浸种消毒36~48小时（晚稻12~24小时）。经药物消毒过的种子，必须用清水洗净。稻种吸水达自身重量的25%时才能发芽，但要想发得好，吸水量要达到自身重量的40%左右。通常籼稻种子要浸60日·℃（天数与平均温度的乘积），粳稻种子要浸足80日·℃，才能达到要求。如某籼稻种子浸种的水温为15℃，浸种时间＝60日·℃÷15℃＝4日，即需要浸种4天。消毒过程未能吸足水分的都要用清水浸种补足。杂交稻壳较薄，浸种时间应适当缩短。

（4）催芽

催芽时要掌握高温破胸、适温催芽、低温凉芽。所谓高温破胸，即在30~32℃高温下使种子在1~2天内露白；适温催芽指在种子露白后，使温度降到25~30℃催芽，经12~14小时，芽长0.2厘米左右；低温凉芽即把催芽后的种子，在自然温度下摊成薄层，使其散热，降低温度，待谷种根长一粒谷、芽长半粒谷标准时播种（切忌催芽过长）。稻种催芽后，如遇低温寒潮，不宜播种，可将稻种继续摊开晾种，抑制种芽伸长，并喷少量清水，以预防干枯；待天气转暖时抢晴播种。

（5）播种量

大田用种量每亩常规早稻需3~4千克，杂交早稻1千克、杂交晚稻0.75千克左右。苗床与大田比为1∶10~15。杂交稻每亩秧田播种量可按以下经验算式估算：早稻、中稻和一季晚稻（500克）＝60－秧龄天数，双晚（500克）＝55－秧龄天数。

播种时按畦定量均匀播种，泥浆落谷，下陷半粒种芽，轻轻压种，用谷壳灰、山土灰盖种。早稻育秧需加盖薄膜。

（6）水分管理

播种到出苗畦面保持湿润，不留水层，做到晴天满沟水、阴天半沟水、雨天排干水；播后至1叶1心期，水不上畦面；畦面过干龟裂时，可在傍晚灌一趟上畦面的跑马水；1叶1心至3叶期宜湿润与浅灌结合；3叶期至移栽保持浅水层不淹没心叶。晚季气温高，播种后至出苗前应特别注意防止畦面积水而出现烫种。

（7）追肥

1叶1心期每亩施尿素5千克作为"断乳肥"，早稻移栽前4～5天、晚稻移栽前3～4天亩施尿素5～7千克作为"送嫁肥"。培育6叶龄以上秧苗，在4叶期看苗亩施尿素3～4千克作为"壮苗肥"。

（8）化学控制

秧田每亩用15%的多效唑可湿性粉剂150克，加水75千克，早稻1叶1心期喷施1次，晚稻1叶1心期和4叶1心期各喷施1次。喷施前后2天，畦面不得有积水。采用这样的化学控制措施，可促进秧苗多蘖矮化。

（9）薄膜管理

早稻和早播中稻，播种到1叶1心期，薄膜严密封闭保温，但膜内最高温度不得超过35℃。如果膜内温度超过35℃，就要揭开薄膜两头通风降温，待温度下降到30℃时再封闭保温。1叶1心至2叶1心期要适温保苗，要求膜内温度25～30℃。此期可逐步增加通风时间，由两头揭膜到单揭膜或日揭夜盖，通风时要先灌浅水上畦面后揭膜。2叶1心至3叶期，经过4～5天炼苗后，苗高达10厘米左右，气温稳定通过15℃以上时，便可灌水揭膜。

4. 移栽

（1）适期移栽

要保证水稻在大田有足够的营养生长期，利用分蘖取得高产，关键就在于掌握适期移栽，移栽适龄秧。福建稻区栽培季节差别很大，移栽期差别也很大。

手插秧的适宜秧龄起始为4叶1心期，有利于高产的秧龄为5～6叶期，最大不超过6叶1心期。秧龄超过7叶1心期的单季稻大苗，要采取化学控制、控水、控肥等肥水管理措施。机插秧的适宜秧龄为3叶1心。

（2）合理密植

合理密植的内容包括插秧基本苗数和插植方式。水稻的插植密度是通过单位面积插植穴数和每穴插秧苗数来确定的。在基本苗大致相同的情况下，采取适宜的行、穴距及每穴苗数，可以进一步协调个体与群体的关系。早、晚稻种植密度：常规稻每亩1.8万～2.0万丛，丛插4～6本；杂交稻每亩1.5万～2.0万丛，丛插1～2本。单季稻种植密度：每亩1.2万～1.7万丛，常规稻丛插4～5本，杂交稻丛插1～2本。提倡宽行窄株或宽窄行种植。宽行窄株或宽窄行种植有利于促进群体内部的气体交换,增加二氧化碳的浓度;改善中下层叶片的受光量;降低群体中下层的温度和湿度。采取这些措施,有利于提高群体中后期的光合生产能力。因此,扩大行距能促进分蘖成穗,增加每亩穗数,继而提高结实率和千粒重,增产效果显著。

(3)提高移栽质量

提高水稻的移栽质量,如壮秧带土移栽,插适龄的秧苗,插秧做到浅、直、匀、稳,使秧苗早返青、早分蘖,是让群体均衡发展的关键措施。由于福建省有一些耕地是分布在丘陵、山地等地区,田块较小,因此传统手插秧还是占相当的比例。但随着劳动力成本和生产水平的提高,机械插秧的面积会越来越大。

五、稻田施肥与灌溉技术

（一）水稻需肥与施肥

稻田施肥是根据水稻生长发育及产量形成规律，调节土壤养分，提高土壤肥力，不断满足水稻生长发育过程中对养分的需要。因此，具体了解稻田土壤特性、水稻需肥规律、土壤供肥能力以及肥料作用和当季利用率，是合理施肥的基础。

1. 稻田土壤特性

水稻田的土壤在长期灌水耕作下，形成了一种不同于一般旱地的特殊土类。

（1）水稻土的剖面特征

发育良好的水稻土，其剖面结构可明显地分为耕作层、犁底层、心土层和底土层。

（2）水稻土的还原特性

水稻田淹水后，整个耕作层除表面一薄层外，均因缺氧而处于还原状态，使土壤的理化性质产生一系列还原变化，深刻地影响着土壤肥力及水稻生长。

2. 稻田土壤培肥

（1）丰产稻田的肥力特性

肥沃的水稻土应具有以下特性：

①适度的土壤渗漏。即多数肥沃的水稻土为爽水田，这种田具有适中的渗漏量，适度的还原化程度，通气爽水，保水保肥。

②良好的土体构造。即肥沃的水稻土具有深厚的耕作层，较为发育的犁底层，垂直节理明显的心土层和保水性较好的底土层。

③协调的土壤养分。即稻田中的有机质及其他养分并不是越多越好,而是要适量和协调。肥沃水稻土的适量有机质含量为每千克土20~40克,全氮量为每千克土1.3~2.3克,全磷和全钾量分别为每千克土1.0克和每千克土15克以上。同时还具有良好的养分供应能力。

(2)提高稻田肥力的途径

提高稻田肥力措施如下:

①加强农田基本建设,建立完善的排灌渠系,防止水稻的明涝暗渍;施用有机肥料,为土壤提供养分,并促使土壤团聚体的形成,改善土质和耕性。

②合理耕作改土,调节土壤固、液、气三相比例,改善土体构造,使它既有较高的保水、保肥能力,又有适度的透水性和及时释放肥料的能力。

③实行轮作倒茬,并在轮作中安排绿肥、豆类作物,让用地与养地相结合。

3. 水稻营养与施肥

(1)水稻需肥规律

水稻必须从土壤中吸收一定数量的各种营养元素,如氮、磷、钾、硅、硫、钙、镁、铁及锰、钼、硼等,才能正常生长发育。其中作为肥料施用的,主要是氮、磷、钾。据各地对水稻收获物成分分析的结果,每收稻谷500千克,需自土壤中吸收纯氮8.10~12.65千克、五氧化二磷3.80~5.75千克、氧化钾10.60~15.05千克。品种类型及品种间差异较大,其中粳稻比籼稻、晚稻比早稻需氮较多而需钾较少。水稻除三要素外,吸收硅的数量也很大,故水稻有"硅酸植物"之称。稻株体内积累的无机养分,大部分是在抽穗开花前的长穗期和分蘖期吸收的。但高产群体抽穗后仍吸收一定的氮、磷、钾。稻株体内各种营养元素含量有一个合适的范围,各种营养元素间也存在平衡关系,这是平衡施肥的依据。

(2)稻田的供肥性能

水稻吸收的养分,除施肥外,约有一半是由土壤供给的。福建水稻产区一般土壤有机质含量为每千克土25~30克,全氮量为每千克土0.7~1.1克,有效氮为每千克土130~150毫克,有效磷为每千克土25~40毫克,速效钾含量为每千克土50~70毫克。总体上土壤有机质和含氮量中等,有效磷丰富,速效钾含量偏低。施入稻田的肥料,并非全部都能被水稻吸收利用,其中一部分被土壤固定,一部分被淋溶与挥发。被水稻吸收利用的部分占施用肥料的比率称为肥料利

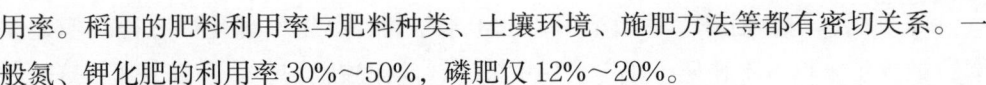
五、稻田施肥与灌溉技术

用率。稻田的肥料利用率与肥料种类、土壤环境、施肥方法等都有密切关系。一般氮、钾化肥的利用率30%~50%，磷肥仅12%~20%。

（3）稻田施肥技术

水稻一生吸收的氮、磷、钾量，因产量、施肥量、土壤肥力和地区而异。据中国土壤研究所测定，每生产100千克稻谷吸纯氮1.8~2.2千克、五氧化二磷0.4~0.5千克、氧化钾2.2~3.0千克。据2005年早季福建省农业科学研究院水稻研究所在龙海试验，亩产量达到741千克的施氮量为13.43千克，相当于每生产100千克稻谷需施纯氮1.81千克。据2005年在德化试验，亩产量达到677千克的施氮量为12.4千克、最佳效益施钾量为10.8千克，相当于每生产100千克稻谷需施氮1.83千克、施钾1.60千克。

总结近年各地水稻丰产栽培施肥技术经验，不同稻作施肥量与配套施肥方式如下。

①双季早稻。每亩施纯氮11~12千克、氯化钾6~10千克、过磷酸钙20千克。过磷酸钙作基肥施用，氯化钾作基肥和分蘖肥各50%。在基肥中提倡施用农家肥。据调查，水田施用农家肥，有一定后效，有利于保持土壤养分平衡。一般每亩施农家肥1000~1500千克，可在翻耕前施下。基肥中可施8~10千克尿素量的氮素化肥，在耙田时施入大田。双季早稻的有效分蘖期，早栽的只有8~15天，迟栽的不过10天，甚至更少，因此要早施分蘖肥，移栽后1周内每亩可撒施尿素4千克和15千克复合肥。穗肥根据水稻长相，决定施用时期和施用量，一般在倒2叶前每亩追施尿素5千克左右。长相好的田块可少施，迟施；相反，长相差的要早施和多施。

②双季晚稻。每亩施纯氮12~13千克、氯化钾8~12千克、过磷酸钙20千克。在稻草还田的基础上，过磷酸钙作基肥施用，氯化钾作基肥和分蘖肥各50%。基肥中可施8~10千克尿素量的氮素化肥，在耙田时施入大田。双季晚稻全生育期短，营养生长期短，有效分蘖期短，幼穗分化开始早，要特别重视早施分蘖肥，移栽后1周内每亩可撒施尿素5千克和15千克复合肥。穗肥根据水稻长相，决定施用时期和施用量，一般在倒2叶前每亩追施尿素5千克左右。长相好的田块可少施，迟施；相反，长相差的要早施和多施。始穗后，可用磷酸二氢钾加尿素进行根外追肥1~2次，以延长功能叶的寿命，增加粒重，特别是台风过后及时喷施，可促进恢复生长，增强水稻抗逆能力。

经后稻、烟后稻等一季晚稻田，由于水旱轮作，土壤理化性状得到明显改善，减少了土壤有毒物质，减轻了病虫危害，前作施肥较多，且留下部分落叶和残根，土壤遗留较多的有机残体，养分比一般连作晚稻和冬闲田丰富，为一季晚稻的生长提供了较好的条件。同时，这部分晚稻由于播种、栽插较迟，其生育特性与双晚相近，因此除可略减少基肥用量外，其他肥料施用可参照双季晚稻。

③一季中稻。每亩施纯氮12～14千克、氯化钾10～12千克、过磷酸钙30千克。过磷酸钙作基肥施用，氯化钾作基肥和分蘖肥各50%。基肥氮肥用量占总氮肥施用量的40%～50%，可在基肥中增加有机肥用量，以提高养分的平衡供应能力和改善土壤肥力。有机肥一般每亩施1000千克左右堆肥或猪牛栏肥等。在施用有机肥的基础上，基肥应施化学氮肥，一般每亩施7～10千克尿素，或含等量氮素的其他化学氮肥。有机肥要在翻耕前施下，而化学氮肥在最后耙平前施下。

分蘖氮肥占总氮肥施用量的30%左右。分蘖肥可与除草剂混合使用，每亩施15千克复合肥、3～4千克尿素。分蘖肥要早施，宜在移栽后5～7天施用，以促进分蘖早生快发。根据品种生育期的长短和土壤保肥状况分蘖肥可1次施，也可分两次施。

穗肥氮肥施用量占总氮量的20%～30%，每亩施5～7千克尿素。其作用是促进颖花分化，防止颖花退化，以增加穗粒数，提高结实率，促进籽粒灌浆，提高粒重。穗肥可在第一节间定长，倒3叶露尖到倒2叶出生过程中施用，这次施肥应结合气候和水稻长相而定：水稻长相较健壮，叶片挺直，长短适宜，阳光充足，可适当多施；水稻生长较旺，叶片过长，阴雨天气，可少施或不施，也可推迟施用；水稻叶片较窄，生长不足应提前施用。

（二）水稻需水与灌溉

1. 水稻需水特点

水稻需水分为生理需水和生态需水。水稻一般实行水层灌溉，不仅是为了保证水稻生理需水，更重要的是创造适宜于水稻生长发育的生态条件。在水层下，造成土壤还原状态，有机物分解慢，积累多，氮素呈铵态存在，磷、钾、硅等也容易释放，这些都有利于土壤肥力的保持和提高；水层对稻田的温度和湿度有一定的调节作用；通过水层深浅及落干可以直接起到促进或控制水稻生长发育的作用，如分蘖末期落干晒田控制无效分蘖；水层的存在，有利于发挥许多除草剂的除草效果。

水稻苗期需水少，插秧、返青至分蘖前期需水多，分蘖后期至拔节初期需水少，孕穗期至抽穗期需水多，灌浆成熟期需水少。

2. 稻田排灌技术

根据水稻根系生长发育的规律和现代水稻品种的生长和产量形成特点，以及水稻不同生育时期对水分的敏感性，前期以控制无效分蘖发生、提高分蘖成穗率为重点，中后期以全面提高群体质量、增强群体光合生产率为目的。

（1）插秧至分蘖阶段

插秧至返青阶段以浅水灌溉为主，返青后采用湿润灌溉的方式，即浅水活棵后待田面水层落干，短期通气后再灌水。依此反复，保持田面湿润，并维持到整个有效分蘖期，只在除草施肥时保持浅水层。

（2）分蘖至穗分化阶段

当全田总茎蘖数达到预定穗数的70%～90%时开始排水烤田。一般烤到圧边有微裂，田中泥面硬，见黑不见白，叶色稍退淡时就应复水。而后干湿交替，只在施肥施药时保持浅水层。水稻分蘖到穗分化期是根系形成的主要时期，通过干湿交替促进根系生长。

（3）穗分化（拔节）至成熟阶段

水稻穗分化到抽穗期是穗器官建成时期，也是水稻一生中生理需水的高峰期，应采取浅水灌溉，满足水稻生理需水；抽穗至成熟期，干湿交替灌溉，以增强根系活力，提高群体中后期光合生产积累能力，提高结实率和粒重。由于目前栽培的品种穗型普遍较大，灌浆期一般较长，因此应防止断水过早。

六、再生稻高产栽培技术

再生稻是利用水稻的再生特性，采用一定的栽培管理措施，在头季水稻收割后，利用稻桩上的休眠芽萌发生长成穗而收割的一季水稻。我国南方稻区种植一季稻热量有余而种植双季稻热量又不足的地区及双季稻区只种一季中稻的稻田，为提高复种指数、增加单位面积产量和经济收入而种植再生稻。再生稻具有生育期短、日产量高、省种、省工、节水、可调节劳力、生产成本低和经济效益高等优点。

（一）再生稻生育特点

稻秆的每个节上一般都有一个芽，在头季有的芽已长成了分蘖，没有长成分蘖的芽则在稻秆上潜伏或休眠，通常称为休眠芽、潜伏芽或腋芽。再生稻生产就是开发利用头季稻秆上的休眠芽或潜伏芽再生萌发成穗，一次播栽，两次收成。

1. 再生稻的芽位

水稻芽位是指再生芽所处节位离地面的高度，是蓄留再生稻头季收割留桩高度的重要依据之一，常用厘米来表示。位于地表上面的节，其芽位为正值；位于地表下面的节，其芽位为负值。芽位属于正值的芽，早稻品种有4个，中稻品种有5个，其余为负值。浮泥层比较厚的稻田，或插秧较深、基部节间伸长较短的稻株，芽位处于负值的芽有时也有所增加。芽位处于负值的芽，由于所处条件较差，到成熟时活芽率明显下降。

再生稻利用的再生芽主要分布在稻秆的最高分蘖节至倒2节一段的茎节上。在地表下，尤其是一节以下的再生芽，由于长期缺光少氧等原因，到头季成熟时已基本死亡，实际上地表下能够利用的仅有一个节上的部分芽。粳稻、糯稻以及籼粳型、粳糯型或它们的杂交种，都属于低位芽再生，一般比籼稻品种地表下多

1~2个可利用的节,即有2~3个地下节的芽可以利用。

芽位同再生稻的留桩高度有关。生产上要保留某个节位的芽,应以该节位的最高芽位为准,并在其上再加上一定的保护段处收割,才能全部保留和保护好该节位的再生芽。

2. 再生分蘖的生长发育

据研究,汕优63的倒2、3节位的腋芽在头季抽穗后3周,倒4、5、6节位的腋芽在头季抽穗后4周,全部进入一次枝梗分化,不久又陆续进入二次枝梗分化。但至头季稻成熟期止,茎生腋芽的幼穗最高发育阶段,只停留在二次枝梗分化期。头季稻收割后,茎生腋芽迅速从头季稻桩的叶鞘内伸长抽出,至割后25~30天齐穗,再过30~35天谷粒成熟。从头季收割至再生季成熟,历时仅60天左右。

3. 再生稻产量与头季稻产量的关系

与头季稻一样,再生稻的产量由单位面积的有效穗、每穗粒数、结实率和千粒重4个因素构成。各地多年多点试验研究和生产实践均表明,在产量构成各因素中,对再生稻产量作用大小依次为有效穗＞每穗粒数＞结实率＞千粒重。

头季稻稻桩上倒2节至倒6节的腋芽都可能萌发成穗。籼稻以倒2节和倒3节位的腋芽萌发成穗最多,占总穗数的70%~80%,因而倒2节和倒3分蘖是优势分蘖,是构成产量的主体。

再生季每穗粒数只有头季穗子的1/3左右,高产要依靠多穗。福建省尤溪县农技站2003~2004年对Ⅱ优航1号再生稻高产田块的产量结构调查,说明再生季依靠多穗创高产(表6-1)。

表6-1 2003~2004年尤溪Ⅱ优航1号再生稻不同产量构成

季别	调查丘数	平均产量（千克/亩）	产量变幅（千克/亩）	每平方米穗数	每穗粒数	结实率（%）	千粒重（克）	每平方米总粒数
头季	6	937.9	902.2~971.9	300	179.6	94.2	29.3	53880
	6	882.9	862.3~899.1	262	190.5	94.4	28.7	49913
	5	766.5	753.4~791.3	238	180.0	93.4	28.9	42840
再生季	6	557.3	546.3~582.8	583	69.2	92.3	26.9	40343
	6	464.5	454.0~473.7	443	64.8	91.9	26.8	28706
	5	407.9	400.0~415.7	398	61.6	91.9	26.5	24517

(二)再生稻高产栽培配套技术

这里所述的再生稻是蓄留高桩,头季人工收割的再生稻,具体表现为田间插植密度大、穗多、穗大、结实率高、穗黄、秆青、叶绿、根系发达、再生芽萌发率高,两季都能夺取高产。其高产栽培配套技术如下。

1. 因地制宜,选用"双高"良种

再生稻种一次收两季,选用头季产量高、再生力强、具有"双高"特性的水稻品种作再生稻栽培,是取得再生稻超高产的前提。生产上较大面积应用的再生稻品种有Ⅱ优1273、Ⅱ优131、天优3301、Ⅱ优航2号、Ⅱ优航1号、Ⅱ优明86、Ⅱ优139、Ⅱ优6号、Ⅱ优623、Ⅱ优航148、Ⅱ优辐819、Ⅱ优明118、佳辐占、汕优63、天优华占、丰两优1号、嘉优99、泸优明占、甬优2640、甬优1540、甬优4949、晶两优华占等。

在海拔300~500米的中稻区,主要选择中熟杂交稻品种,发展"中稻—再生稻"栽培模式;在海拔300米左右的单、双季水稻混作区,主要选择迟熟超级再生稻组合,重点发展"早稻—再生稻"栽培模式,实现大穗高产,两季超吨粮。

在温光资源丰富的多熟地区,突出早熟和优质,选用头季稻熟期在125天左右,可在7月中旬前后收获的早熟品种,以充分利用7月中旬至9月上中旬近两个月的高温强光不利于蔬菜生长的时段,蓄留再生稻,以多收一季粮;并通过水旱轮作,9月中下旬至翌年4月上旬种植蔬菜,实现粮经双丰收。

2. 适时早播,培育壮秧

作再生稻栽培,头季稻(杂交稻)一般掌握在3月上旬末至中旬播种,4月上中旬插秧。这样安排,头季稻能够在7月10~15日抽穗扬花,8月10~15日成熟收割留桩,再生季9月中旬齐穗,即能将头季稻和再生季的抽穗扬花期安排在光温最佳时段,充分利用光温资源,既可提高产量,又能避过秋寒。

一般采取旱育秧方式。选用菜地或农地做秧床,提早7~10天翻土,提前1~2天整好秧床。每平方米秧床施足60克复合肥作壮秧肥,并以2.5克敌磺钠对水2500克浇灌秧床,对秧床进行土壤消毒。根据气候的实际情况,于3月上

中旬播种。播后及时做好秧床的水、膜管理，出苗后畦面不发白，苗不卷叶不喷水，晴天秧畦两头要揭膜通风，雨天盖膜防雨淋，并及时清沟排水。秧龄30～35天，叶龄6叶左右时移栽。

3. 合理密植，插足基本苗

据福建中稻—再生稻（杂交稻）亩吨粮以上的产量构成因素的相关资料分析，头季稻亩有效穗15万～17万、穗均155～180粒、结实率90%以上、千粒重28～29克，再生季亩有效穗25万～33万、穗均65～70粒、结实率92%左右、千粒重26.5克。在穗数、粒数、粒重等产量构成的诸因素中，穗数是决定的因素。尤其是再生季，由于穗小，粒数少，要实现高产主要是以穗多取胜。因此，提高单产的主要措施必须围绕增加单位面积的有效穗数来实施。

目前推广的有些再生稻高产组合植株较高，分蘖力强，过度密植，会导致通光透气差，湿度大，招致病虫为害。插植规格强调合理密植，在壮秧前提下以20厘米×20厘米为宜，每穴2粒谷，每亩插足基本苗6万～8万。如选用佳辐占等常规稻做再生稻，插植规格应以20厘米×18厘米左右为宜，每穴5～6本，每亩插足基本苗10万～12万，以保证头季和再生季有足够的穗。

4. 畦厢式栽培，间歇性沟灌

再生稻的根系主要是头季稻的延伸与分枝，根系发育正常，再生发苗率就高。因此，再生稻培育健壮根系比普通稻的栽培更为重要，而培育健壮的根系必须从头季稻抓起。实行畦厢式种稻，结合间歇性沟灌，是改善土壤还原性，培育机能高而持久的根系的有效途径。据观察，畦栽沟灌的水稻，根系发达，成熟期的根重增加26%，根系机能显著提高，伤流量增加20%。地上部穗多穗大，头季和再生季都大幅度增产。

为提高再生稻根系活力，还必须实行两次烤田。第一次烤田在头季稻有效分蘖终止期或苗数达15万～18万苗时就应进行，烤到脚踩不陷泥，有脚印不粘泥为度。第二次烤田在头季稻抽穗后15～20天施催芽肥后，让水层自然落干烤田。但这次烤田应是轻烤或搁田，直到收割留桩后3天内复水。这次烤田可达到调气、养根、保叶的作用。同时，因田泥干实，也方便头季稻收割、留桩作业。

5. 平衡施肥，重施催芽肥和壮苗肥

根据目标产量要求和福建省稻田土壤养分含量，一般再生稻头季亩施纯氮12～13千克、五氧化二磷5千克、氧化钾12千克，氮、磷、钾的比例为1：0.36～0.42：1。在掌控最佳施用量的基础上，讲究分期定量施肥技巧：磷肥作基肥施用，钾肥作分蘖肥和穗肥施用。氮肥按基肥占35%、促蘖肥占25%、烤田后接力肥占10%、穗肥占20%、粒肥占10%。这样的施肥方法，氮、磷、钾肥的配比比较适宜，水稻生长的前、中、后期养分供给也比较平衡。

再生季要求重施催芽肥和壮苗肥。即在头季稻齐穗后15～20天，每亩施尿素15～20千克，作为催芽肥，可提高母茎含氮水平，对腋芽萌发和壮芽有显著作用，还能使头季稻功能叶保持青绿，延长老根寿命。为防止高浓度肥料对腋芽造成损伤，这次施肥一般分两次隔天施下。在收割留桩后3天内，结合灌溉，再施尿素5千克，作为壮苗肥，促进再生芽生长，出苗整齐，按时抽穗扬花，以提高结实率。

6. 低指标防治"二虫二病"

"二虫二病"即二化螟、稻飞虱，纹枯病、稻瘟病。一般分别掌握在二化螟枯鞘3%、稻飞虱丛有5头、纹枯病丛发病率10%、叶瘟始发时下药防治。

7. 适时收割头季稻，把住留桩高度

再生分蘖除极少数倒5节、倒6节位分蘖外，一般都没有自己独立的根系，萌发时也尚未长出叶片，养分完全依赖母茎供给。母穗接近成熟时，自身谷粒充实已达尾声，才有大量富余的养分供养腋芽。为此，头季稻必须在十黄时收割，以提供充裕的时间，让母茎富余的光合产物供养腋芽，使腋芽充分发育，提高萌发率，增加枝梗颖花分化数。

据观察，籼型杂交稻倒3叶枕至倒2芽着生节部的高差8.4～16.3厘米，在倒3叶枕处收割，不仅可保留倒2芽，而且一般不会割伤倒2芽叶片。在这高度割桩，可以100%留住倒2芽，同时保留较多份额的稻桩干物质，收割后养分输送到再生分蘖。因此，倒3叶枕高度可以作为籼型杂交稻适宜留桩高度的形态指标。

佳辐占等生育期短、低节位（倒4节、倒5节）再生力强的常规稻品种，在不影响后作的前提下，可低留桩，适当延长再生季生育期，以利高产。

8. 再生稻的化学调控

在再生季抽穗60%～70%时，每亩用赤霉素2克，对水50千克稀释喷雾，可促进基部低节位分蘖的穗颈抽长，克服包颈现象，提高全田植株整齐度，进而提高结实率和饱满度。

（三）再生稻全程机械化栽培配套技术

随着城镇化建设的加快，农村人口越来越少，在农村劳动力高龄化，农村种粮的劳动力日趋紧缺，依赖人工收获再生稻模式劳动强度大，花工多，成了再生稻发展的主要障碍因素；加上农资价格上涨，再生稻生产成本的增加与收益不成正比，蓄留高桩的再生稻种植面积不断下降。在此背景下，探索再生稻全程机械化栽培模式显得非常必要。

再生稻全程机械化栽培不仅具有再生稻的省种、省工等优点，还能打破农村劳动力不足、人工成本高等制约水稻生产发展的瓶颈，为粮食生产探索出一条新途径，符合规模化、集约化、现代化农业生产的发展趋势。

1. 因地制宜，选用合适品种，采用工厂化育秧

要选用头季稻高产，再生季多穗、再生能力强，熟期适宜、品质优良的品种，以早中熟、早季播种生育期在145天以内的品种为主（图6-1）。播种在3月10日前。在海拔450米以下生育期140天以上的单季稻区种植再生稻，宜选泸优明占、甬优1540、晶两优534、中浙优8号、佳辐占、甬优2640、晶两优华占、两优H108等品种，头季稻收割控制在8月10日前，再生季安全齐穗在9月15日前，保证再生稻的稳产高产。头季稻应在8月10日前收割，否则会影响再生季产量。在小气候

图6-1　机收再生稻品种筛选试验田

不佳、海拔500米左右的地区可选择种植生育期较短、再生力强的品种，如佳辐占、欣荣优华占。选好的稻种，经过晾晒、浸种和药剂处理后，用水稻专用发芽箱进行催芽。

受光照和温度影响，在闽北一般中迟熟品种3月5～10日播种，早熟品种3月11～15日播种，保证再生季安全齐穗。利用水稻工厂化育秧（图6-2），具体流程为：秧盘摆盘—装基质—精量播种—播后盖土—暗化出苗—移入大棚。

秧盘使用专用育秧塑料硬盘，规格为30厘米×60厘米×2厘米，每亩用秧盘20～22个。育秧基质选用专用基质育秧，该基质含有水稻苗期所需的全部营养，不用向基质中添加土壤和肥料，使用方便。大田用种量杂交稻每亩1.5千克左右，每盘播干种60～75克；常规稻每亩2.25千克左右，每盘播干种100～120克。盘底基质厚度2.0～2.5厘米，覆盖基质

图6-2　工厂化大棚育秧

厚度0.3～0.5厘米，洒水量控制在底土水分达饱和状态为宜，做到不漏播、不重播。播种结束，取盘送大棚叠盘堆码，将育秧棚内、外遮阳网全部盖上，实行暗化出苗。暗化过程中注意控制棚内温度，最初6小时控制室温36℃，以后降至30～32℃，最后6小时降至20～25℃，暗化处理时间3～5天。暗化出苗后，将秧盘整齐摆放在事先做好的大棚秧床上，然后在苗床四周用浮泥护住，以保水保湿。白天棚内温度保持25～30℃，夜间棚内温度以不低于15℃为原则。在不影响苗床温度和水分前提下，尽可能让秧苗多接受光照。大棚育秧以旱管、喷灌为主。秧苗绿化后，适当控水，保持基质湿润即可。移栽前5～7天控水、炼苗。二叶一心期及栽前3～5天利用水肥一体化设备分别追肥1次。

2. 适时机插移栽头季稻

一般4月上旬进行机插秧（图6-3），秧龄掌握在18～25天。机插比手插对田面平整要求更高，一般在机插前1～2天先施底肥再耕翻，耕深15厘米左右，

田面高低差不超过3.3厘米，表土软硬适中，上烂下实，田面平整。土壤沉实达到泥水分清、沉淀不板结、水清不浑浊的标准时即可插秧，机插时田间保持2厘米深薄水层。头季稻适当密植是再生稻争多穗的基础，杂交稻机插移栽规格16.7厘米×30.0厘米，每亩插1.33万丛，每丛插3～4粒谷秧；常规稻机插移栽规格13.3厘米×30.0厘米，每亩插1.67万丛，每丛插5～6粒谷秧。

图6-3 头季稻机插秧

再生稻机械化插秧的作业要求漏插率不超过5%，伤秧率低于4%，均匀度不低于85%，以及覆盖率达到98%以上。同时，还要确保秧苗直行、充足、浅栽，做到不漂、不倒、不深，将插秧的深度控制在1.5～2.0厘米为宜。如机插秧缺株率在10%以上，特别是出现较长的断垄和较大的"天窗"时，应人工补苗匀苗，保证每亩有足够的基本苗。

3. 科学肥水管理

为保证头季稻前期快发，中期稳长，后期健壮，要早插早管促早发，搭起高产苗架。一般中等肥力以上的田块，头季稻要达到目标产量每亩550～600千克，需每亩施纯氮10～12千克，氮、磷、钾的比例为1:0.5:1。由于机插秧苗小、前期根量少、吸肥能力低，在施肥上应降低基蘖肥比例，适当增加穗肥比重，基肥、蘖肥、穗肥比例以3:3:4为宜。基肥每亩施碳酸氢铵、过磷酸钙各30千克，氯化钾3千克，或复合肥（氮、磷、钾比例为1:1:1）25～30千克；蘖肥在机插后7～10天结合除草剂施用，每亩用尿素5千克、氯化钾2～3千克；穗肥在烤田复水后施，每亩施尿素5千克、氯化钾2千克；适时足量施好保根催芽肥。

再生稻根系两季共用，必须培育发达根系，而培养发达根系，烤田是关键。水分管理以浅水插秧、寸水返青、浅水促蘖、苗到烤田为原则，让稻田土壤干干湿湿，做到以水调气，以气养根。实行"一烤一搁"："一烤"即够苗烤田，当植株平均茎蘖数达到目标苗数的 80% 时进行烤田，使土壤沉实，烤到脚踩不陷泥；"一搁"是指齐穗后 15~20 天浅水施催芽肥后，让水自然落干后即行搁田，强度以土层出现龟裂纹后再复水。头季稻孕穗期保持浅水，灌浆期干湿交替，黄熟期田干，收割前 7~10 天断水。

4. 综合防治病虫鼠害

病虫危害不仅影响头季稻产量，而且严重影响再生芽萌发，要加强测报，及时防治。采取农业、物理、生物等综合防治措施，选择高效、低毒、低残留的农药，采用高效宽幅远射程喷雾机或无人机等现代植保机械进行专业化统防统治，做好绿色防控工作。

主要抓好二化螟、稻纵卷叶螟、稻飞虱，以及纹枯病、稻瘟病等病虫害防治。5 月中旬防治二化螟，6 月中旬防治稻纵卷叶螟、稻飞虱，以及纹枯病、稻瘟病、稻曲病等。病虫害防治推荐用药：用噁霉灵、咪鲜胺浸种；杀虫双、氯虫苯甲酰胺防治螟虫、稻纵卷叶螟；苯甲嘧菌酯、肟菌酯戊唑醇防治纹枯病；扑虱灵，烯啶虫胺吡蚜酮防治稻飞虱；植物宁南霉素、超敏蛋白等抗病毒剂预防病毒病。

老鼠以头季烤田期、孕穗抽穗期和再生季孕穗破口期为害最猖獗，应适时统一连片投放安全高效的毒鼠药。

5. 施好催芽肥

因再生稻品种大部分选用中迟熟杂交水稻品种，中迟熟品种一般较早达到根数最大值期，距成熟时间较长，且植株高大，田间荫蔽度高，至头季收获时根系容易引起早衰。为保持生育后期根系有较强的活力，确保腋芽萌发有充足的营养，必须施好保根催芽肥。在头季稻齐穗后 15~20 天，及时施催芽肥，一般田块每亩施尿素 20 千克、氯化钾 3~5 千克或施复合肥（氮、磷、钾比例为 1:1:1）5 千克，灌上浅水，隔天分两次施完，以促进再生芽迅速萌动，提高再生率，增加再生季产量。

6. 十黄抢晴收，适当高留桩

过早过迟收割都不好。过早收割对头季产量及再生季发苗都有影响，过迟收割既会影响再生季安全齐穗、又会造成倒二节有效芽被割掉。因此，头季稻 100% 成熟时，用 25.7 千瓦（35 马力）以上的半喂入联合收割机或 40.4 千瓦（55

马力）以上的全喂入联合收割机收割（图6-4）。收割时严格规划收割路线，避免收割机过多或重复碾压稻茬。为确保再生季产量，一般最迟在当地安全齐穗期前大约30天收割，具体情况要根据品种特性而定，否则影响再生季安全齐穗。

合理的留桩高度是再生稻机收成功和高产的关键技术之一。再生季成熟期与留桩高度直接相关，留桩高度每降低10厘米，再生季

图6-4 机收头季稻

齐穗期延长3~5天。在同一留桩高度下，碾压区较非碾压区再生季生育期延长7~10天。因此，留桩高度应以再生季能安全齐穗为前提，结合提高再生季成熟的整齐度来确定。一般早熟品种留10~15厘米高的低桩，中熟品种留15~25厘米高的中桩，确保秋寒来临之前，再生季能够安全齐穗。

7. 抓住再生季栽培关键技术

要实现再生季水稻（图6-5）的高产，应抓好关键技术措施的落实，管好水，施好肥，并做好病虫防治。

（1）水分管理

再生稻如水分多，老禾蔸易腐烂；如水分少，影响再生能力。头季稻机收后及时把堆压在稻桩上的稻草清理于株间。收获后晒田2天，覆浅水层1~2厘米，自然落干，让其干干湿湿，保持根系活力促进腋芽萌发，以后采取以湿为主、干湿交替的管水方法。抽穗扬花阶段若遇寒露风天可灌深水保温护苗。

图6-5 再生季水稻

（2）施肥

头季稻割后5～7天，每亩施尿素10～15千克、氯化钾10千克，以促苗长和再生多分蘖。割后15天，每亩再施用尿素5千克，以促大穗。再生季始穗期至齐穗期根外施肥，每亩用"九二〇"2克、磷酸二氢钾0.1千克、尿素0.2千克，对水50千克喷雾，促进基部低节位分蘖的穗颈抽长，克服包颈，提高结实率和饱满度，以利于再生季高产。

（3）病虫害防治

以农业防治为主，药剂防治为辅。再生稻生育期短，生长期间温差较大，病虫害发生较少。主要防治稻飞虱、纹枯病和稻曲病。

（4）收割

再生稻生长不易整齐，应适当迟收，让其全部成熟后再收割，一般在11月上中旬收割。再生稻产量高低与头季稻收割时间、留桩高度有较大关系：头季稻收割时间早、留桩高度较低，再生稻产量较高；头季稻收割时间较晚、留桩高度相对较高，再生稻产量相对较低。

七、水稻直播栽培技术

水稻直播栽培是一种比较原始的栽培方式。在我国，水稻栽培最早是由直播栽培开始的，后因直播成苗率低、草害重、易倒伏及产量低等原因，逐渐被移栽栽培所代替。近年来，随着社会经济的不断发展和产业结构的调整，农村人口大量向城镇转移，农村人口老龄化以及劳动力短缺的问题日趋严重，用工成本不断攀升。水稻直播栽培模式避免了移栽所致的生长损伤，又省却移栽过程的劳动力成本，具有省工、省力、低成本和高效率的优势，因此直播栽培的面积有逐渐扩大的趋势。我国目前直播稻面积超过6000万亩，主要分布于广东、江苏、四川、浙江、江西、安徽、湖南、湖北等省份。

（一）直播稻类型与生育特点

1. 水稻直播类型

根据整地及播种前后的灌溉方法，水稻直播可分为水直播和旱直播。水直播是目前应用最广泛的一种直播类型。其特点是土壤经过旱整、水平，在水层条件下或在湿润状态下播种；播后继续保持浅水层，待幼芽、幼根伸出再排水落干，保持田面湿润，促进扎根立苗；至水稻生长至2叶1心后再建立稳定的浅水层。旱直播是在旱田状态下整地与播种，播种后再灌水，建立稳定的浅水层，待稻种发芽、发根后，再排水落干，促进扎根立苗，待秧苗长出二叶、冠根下扎时再灌水，并保持浅水层。

根据播种方法的不同，水稻直播可分为人工撒播和机械精量穴直播。人工撒播不依赖机械，效率较高，但无法做到均匀播种，稻株的空间分布不合理，群体关系不协调。人工撒播无序和不均匀，导致水稻生长后期群体通风透光较差，容易发生病虫害。机械精量穴直播稻株分蘖势强，群体结构合理，穗粒结构协调，光合速率高，抗倒伏能力增强。机械直播穗部性状较优，产量高于人工撒播。

根据有无翻耕整地，直播栽培可分为耕田直播和免耕直播。耕田直播是指在翻耕好的土地上直播。免耕直播是指在前茬作物收割后，土地未经翻耕直接直播栽培。

2. 直播稻生育特点

水稻不论是水直播还是旱直播，播种后因灌水使土壤中氧气含量少，不能满足稻种正常发芽成长的需要，从而导致芽长根短，不利于扎根立苗。直播稻播种浅而发根比移栽稻旺盛，但浅层根多，植株前期生长快，导致早期群体过旺，后期出现早衰。

直播稻秧苗未经过拔秧断根与移栽返青的过程，因而分蘖节位低、分蘖率高，田间总茎数增长速度快，最高分蘖期出现比移栽稻早，能快速达到要求的穗数。但若管理不善，往往造成群体过大、成穗率低、病虫害较多，且因浅层根多而易倒伏。

直播稻的伸长节间数和移栽稻相同，但株高略矮。总叶片数也无差别，但出叶速度和叶面积有明显不同。直播稻往往早期出叶快，叶面积增长快，但后期移栽稻会赶上来。因未经移栽返青期，直播稻在良好的水、肥条件下苗期生长快。在适期播种时，直播稻一般比育苗移栽的全生育期短10～15天。与移栽稻相比，直播稻的产量构成特点是单位面积上的穗数多而每穗粒数少。

直播稻因播种入土浅，生育期缩短，加上分蘖量大而影响根量和根系下扎。根系一般在耕层13厘米内，比移栽稻浅5厘米左右。田块肥力过高或施肥过量均容易造成倒伏。

直播稻苗期田间空隙大，杂草生育起点与水稻几乎同步，发生期长，发生量大，而且草相复杂，除草难度增大。

（二）直播稻高产栽培配套技术

水稻直播栽培具有省工省力、劳动生产率高的优势，但水稻直播栽培因存在着四大障碍（草害、保苗差、倒伏和生育期短）而导致产量不稳定。要克服这些障碍，必须采取切实可行的栽培技术规程。

1. 田块处理

（1）旋耕水直播

冬闲田或者紫云英田收获后上水，用手扶拖拉机旋耕，人工拉平，整块田地高低差不超过5厘米，无明显高墩和洼坑。开沟起畦，做到竖沟、横沟、边沟"三沟"配套相通，一般沟宽、深均为0.2米左右，保证播种后能及时排除积水。起畦幅宽4～5米。

（2）免耕水直播

冬闲田或油菜、蔬菜收后的田块在播前15天喷除草剂（草甘膦）杀灭稻头和杂草，待稻头和杂草干枯后灌水浸泡，播前1天排干水，保持田面湿润。挖沟土补田埂防漏水，平整田块，只要田块泡后不漏水就可播种。

2. 适期适量播种

与相同条件下相同品种育秧移栽水稻相比，直播栽培全生育期缩短10～15天，其中营养生长期缩短较多，可达6～10天。因此，在温度许可的前提下可以早播，以延长营养生长期，增加营养生长量，提高产量。

直播稻与育秧移栽水稻在分蘖特性上有很大的不同。直播稻由于没有移栽造成的损伤，分蘖节位低，分蘖势强，分蘖期延长，易造成前中期稻苗生长过快，群体偏大，成穗率低，田间群体质量恶化，增加后期病虫害和倒伏风险，不易获得高产。控苗必须从播种开始，减少播种量，以营造适宜的群体，提高成穗率。杂交水稻种子，用种量一般为1.5～2.0千克/亩；常规水稻种子，用种量一般为2.5～3.0千克/亩。可以加一些蒸煮后无发芽能力的稻谷2～3千克，以利播和均匀。播种的原则是保证均匀播种、宜稀不宜密。浸种前先将种子筛选，除去杂质，选择晴好天气晒种1～2天，然后浸种、消毒，催芽至破胸露白，播种前用35%丁硫克百威（药种比1:100）或用10%福美双+10%克百威（药种比1:40）进行拌种，防治鸟雀、鼠害等。在合理的播期下，全苗和匀苗是直播稻高产和稳产的关键。为确保播种质量，播种时要带秤下田按畦定量，播种要做到不漏播，确保播种均匀。

3. 肥水管理

直播稻适宜的基本苗为每亩6万左右。根据直播稻的分蘖及成穗特性，主要利用主茎第 4、5、6 节这三个节位的优势，促进分蘖成穗；适当利用主茎第 7 节位的一次分蘖和主茎第 4 节位分蘖的二次分蘖成穗，形成单株成穗 5 个左右，最终每亩获得穗数 22 万～26 万。

从直播稻不同节位分蘖出生、成穗追踪资料分析得出结果：直播稻分蘖节位多，主茎第 3 节至第 11 节位均可出生分蘖，而且还有不同数量的二次分蘖及少量三次分蘖；强势分蘖集中在主茎第 4、5、6 节这三个蘖位，其出生率、成穗率达 90%～100%，穗型也大。

直播稻的施肥总量基本与移栽稻相同。每亩施纯氮 10～14 千克，氮、磷、钾的比例掌握在 1∶0.5∶1，适当增加钾肥用量，以壮秆防倒伏。针对直播稻生长特点和分蘖、成穗规律，为有效利用强势分蘖，培育壮秆大穗，施肥方法上采取"前足、中轻、后稳"的原则。前期施足基肥，3～4 叶期施好苗肥，少施或不施分蘖肥；后期在余叶 3.5～3.0 叶及 1.5～1.0 叶施用促花肥、保花肥；生长中期依苗情适当施用接力肥。总用肥量略多于移栽稻本田用肥，基肥与追肥比例约为 4∶6。追肥的前中后期比例为 3∶2∶5。基肥及前中期追肥应适当搭配复合肥。不同地区的直播稻栽培应根据当地土壤肥力情况、水稻品种特性（特别是抗倒性），合理施肥。

水分管理上要做到湿润播种、出苗，薄水促蘖。播后速灌 2 次跑马水，以利出苗；秧苗 1 叶 1 心后建立薄水层，以利化学除草；在水稻分蘖期，建立田间水层，以促进分蘖；待苗数达到预期有效穗的 70%～80% 时开始搁田，并多次轻搁，控制高峰苗，促进根系深扎，增强生育后期的根系活力，提高植株的抗倒伏能力；孕穗抽穗期后浅水灌溉，有利于开花受精；灌浆结实期干湿交替灌溉；黄熟期适时排水落干，有利于机械化收割。

4. 草害和病虫害防治

（1）杂草防除

直播稻田的杂草出草早，出草多，应针对直播稻田杂草发生特点制订杂草防除对策。直播稻田杂草防除以化学药剂防除为主，采取芽前封杀处理和茎叶触杀处理相结合的方法，同时还要结合栽培措施进行防除，从而有效地控制杂草的发生与危害。

①芽前封杀。冬闲田或油菜、蔬菜采收后，在播种前选择晴天早上或傍晚喷

施除草剂草甘膦。喷药时将田中积水排干，才能收到预期的效果。

②苗后防除。播后15~20天，水稻生长到3~4叶时，选用对稻苗生长安全的除草剂丁草胺或苄·二氯（秧田一次净）进行第二次除草。

③栽培防除。如果直播稻田翻耕过早，杂草种子在土壤内已萌发，就应在播种前重新翻耕，以减少杂草发生基数。施足基肥，早施分蘖肥，促进稻苗早发快长，早封行，控制下部光照，以苗压草。

④人工防除。水稻进入分蘖期后，如田间杂草较多，可采取人工去除方式进行除草。

（2）病虫害防治

直播稻苗期易受稻蓟马、螟虫、卷叶螟等危害，所以要特别重视，及时防治。由于直播稻群体较大，因此纹枯病发生也比较严重，且受直播方式和基本苗影响较大，纹枯病发病率普遍高于移栽稻，但病情指数则低于移栽稻。这主要是因为直播稻株距较小，发病株数较多，但由于行间通风透光相对比较好，故病情较轻。随着直播稻基本苗的增加，病株率和病情指数提高，纹枯病加重。

此外，由于直播稻播种后不塌谷，因此要适当采取措施防止雀害、鼠害。播种前用35%丁硫克百威（药种比1:100）或用10%福美双+10%克百威（药种比1:40）进行拌种，防治鸟害、鼠害。提倡连片种植，以减轻鸟害、鼠害，确保大田有足够的基本苗。

5. 抗倒伏栽培技术

直播稻有一个严重的缺点就是容易倒伏。直播稻由于播种量大，密度过高，通风、通光较差，根系扎得较浅，因此易倒伏。直播稻抗倒伏栽培的主要措施有以下4点。

（1）选择适合直播的抗倒伏品种

选择稻米品质较优，抗病虫性强，株高略矮、抗倒伏能力强，抗旱性好的高产、稳产水稻品种作为直播栽培品种。

（2）改进播种技术，促进深根壮秆

采用机械覆土深播技术，使分蘖节埋于土中，并促进根系深扎。采用宽窄行条播、带状条播，或者调整播种量，适当稀播，以改善群体通风透光条件，有利于壮秆。

（3）改进施肥和灌溉技术，提高群体质量

适当减少氮肥施用的比例，增加磷、钾肥比例。以长效复合肥做基肥深施，使氮素肥效在播种后45天左右明显下降。结合早搁田和多次搁田等措施，有效控制分蘖过剩和群体生长过旺，促进根系深扎，增强生育后期的根系活力，提高抗倒伏能力。

（4）喷施多效唑，降低植株高度

通过喷施多效唑降低植株高度，增加茎秆的强度，可增强直播稻抗倒伏能力。多效唑的使用方法一般是在水稻拔节初期喷施，使用量为15%多效唑可湿性粉剂120~150克/亩，对水50~60千克。

八、水稻软盘育秧抛栽技术

（一）抛秧稻生育特点

水稻软盘育秧抛秧技术是在特制的塑料软盘上填充营养土，然后播下种子，经过半旱式的育秧管理后，把育成的适龄秧苗连同营养土一起抛栽到大田，再根据抛秧后的水稻生理、生态特征进行高产管理的栽培方式。抛栽稻生长发育具有以下特点。

1. 秧苗带蘖少，次生根少而短

软盘秧苗采用钵盘旱育秧方式，在生长过程中盘孔和密度限制了秧苗的次生根和叶蘖生长。在秧苗素质上软盘育秧与普通育秧比较，有两个明显的特点：一是单株带蘖少，二是次生根发生少而短。但软盘育秧次生根在抛栽时生长完好，发秧时损伤轻，生命力旺盛，抛入本田后能快速恢复生长，立苗成活快，无明显的缓苗期。

2. 分蘖早而快、苗峰早

抛秧育苗在苗床阶段受土壤水分限制，一部分分化的根原基不能伸长。在水分充足的条件下，抛栽后这些潜伏状态的根便迅速伸长成新根，吸收养分，加上抛栽时植伤轻，栽后无明显的植伤败苗现象，分蘖能力强，发生早而多。据观察，抛秧分蘖始期比手插秧早2～3天，达到预期穗数和高峰苗的时间比手插秧早2～3天。

3. 低节位分蘖多，群体较大

软盘育秧尽管在苗床期间分蘖发生少，但分蘖节周围的次生根都具有较强的活力，分蘖芽处于潜伏待发状态。抛栽到大田后，因肥水、光照条件的改善，分蘖仍能发生并成穗。由于秧苗抛栽入土浅，低位蘖比例大，成穗多，群体较大。而普通手插秧虽然在苗床期间能够发生一部分小分蘖，由于栽插过深或植伤等原因，造成这些分蘖栽后相继死亡，以致第一、二分蘖节位空缺而影响分蘖和成穗。

4. 返青早，生育进程快，全生育期稍短

抛栽的秧苗，由于根系发达，带土带肥，抛后植伤较轻，秧苗基本上无落黄的过程。抛后一天露白根，3天基本扎根，4天出新叶。环境条件良好，加速了生育进程，抛栽秧从播种至齐穗比手栽秧缩短2天左右，全生育期缩短1~2天。同一时间播种不同品种的生育进程趋势也是一致的。

5. 灌浆结实期间绿叶片稍多

据测定，抛秧稻齐穗到成熟期间单茎绿叶数由4.8张降到3.7张，其下降的速度慢，基值高，比手栽秧多0.42张，主茎倒四叶鞘的绿色部分达78%。

6. 易倒伏

抛秧稻根系入土浅，多集中于土壤表层，在大群体土质松、搁田差及管理不当的情况下，容易发生倒伏。

（二）软盘育秧抛栽技术要点

1. 育秧准备

（1）备盘

每亩大田应准备的塑料软盘按下式计算：每亩用盘量＝每亩抛栽丛数/(秧盘孔穴数×0.9)。

（2）备种

选用高产、优质、抗性强、分蘖力强、生育期适宜的品种（组合）。播种前要晒种、精选、消毒，并用100毫克/千克浓度的多效唑溶液浸种（一般每千克种子需100毫克/千克浓度多效唑溶液1.25千克）48小时，洗净后催芽至露白即可播种。

（3）备床

育秧场地宜选择避风向阳、土壤肥沃、排灌方便的地块，精细整平，做好秧

床。一般畦宽 1.3 米左右，以竖放两盘或横放四盘为宜；秧床的沟深 30～40 厘米。摆盘时要将秧盘钵体入土 1/3。

（4）备土

每个秧盘准备营养土 1.5 千克左右。营养土要选用有一定黏性、肥沃、无草籽的塘泥或整秧地时沟中的泥浆，再加入一定量化肥拌匀。旱地菜园土、垃圾土、砂质土黏性不够，秧盘营养土不结块，拔秧时易散开，影响立苗；即使抛栽，也会因营养土块吸水散开，造成漂苗，故不宜采用。营养土 pH 4.5～5.5 最适于稻根生长，pH 大于 6 易发生立枯病，pH 小于 4 会抑制秧苗生长。

2. 播种

（1）品种选择

根据抛栽稻秧苗根部入土浅、根系分布也相对较浅的特点，选择茎秆粗壮、较矮、抗倒力强的优良品种。

（2）播种期

由于抛秧不易烂秧，早稻播种期可相应提早，一般在气温稳定通过 8℃时即可开播。早稻可育成小苗或中苗，叶龄 3.5 叶、秧龄 20～25 天，或叶龄 4.5～5.5 叶、秧龄 30～35 天；中、晚稻可育成中苗或大苗，叶龄 4.5～5.5 叶、秧龄 25 天左右，或叶龄 6～7 叶、秧龄 30 天左右。根据最佳抛秧期、秧龄来确定适宜播种期。

（3）播种量

种子催芽至露白即可播种，一般杂交稻穴播 2 粒谷，每盘 30～40 克，每亩大田需种量 1～1.2 千克；常规稻穴播 3～4 粒谷，每盘 60～70 克，每亩大田用种量 2～2.5 千克。

（4）播种方法

目前常用的是种土分播法，可分为先播种后摆盘和先摆盘后播种两种。

①先播种后摆盘。即先将营养土装入孔穴至 2/3 后播种，然后再摆盘，最后盖土。

②先摆盘后播种。播种操作的顺序：摆盘—装土—播种—盖土—刮土。这种方法更适用于泥浆播种，即摆盘后将孔穴灌满泥浆，拉平后播种。播后用扫帚来回多次轻扫，将谷种扫入孔穴中，待泥浆沉实后再撒些营养土并刮平。

（5）育秧方式

育秧方式主要有旱床旱播旱育、旱床湿播旱育、湿床旱播旱育和湿床湿播湿育四种，可因地制宜选用，以前两种为佳。

（6）覆盖

早稻播种后覆盖地膜保温，中晚稻播种后可覆盖作物秸秆等，以利保湿防晒、防鸟害及雨水冲刷，确保齐苗。秧田采用旱育的还需要搭架罩膜，以防下雨时淋湿苗床。

3. 秧田管理

（1）温度调控

早稻采用薄膜覆盖保温育秧的，播种至出苗前为密封期，只要膜内温度不超过35℃就不要通风。出苗后看天气通风炼苗：1叶期膜内温度控制在25℃以内；2叶期膜内温度控制在20℃左右；4叶期前后逐步揭膜、炼苗，揭膜宜早不宜迟。

（2）水分管理

播种后至出苗期，保持土壤湿润，确保出齐苗。出苗后以旱管为宜，不旱不浇水；或采用半旱式管理，需水时以沟灌为宜，床面始终不上水、不积水，以培育白根多的根系。最后一次浇（灌）水应在抛秧前2～3天进行，以便起秧和抛秧。

（3）施肥技术

配制营养土育小苗的秧田前期可不追肥，只追施一次送嫁肥；培育中、大苗的可在1叶1心期和起秧前4～5天分别追施一次肥料，做到带肥下田，以利早发。

（4）化学控制

在没有采用多效唑浸种的情况下，应在秧苗1叶1心期喷施$2.5×10^{-4}$（250ppm）（早稻）～$3×10^{-4}$（300ppm）（中、晚稻）的多效唑溶液，每100米^{2}喷施11.25千克。喷施前要排干水，喷施后一天再浇水。

（5）病虫草害防治

秧苗1叶1心期喷施敌磺钠防治立枯病，秧期一般防三化螟、苗瘟、稻蓟马等，其他的病虫草害视当地发生情况及时防治。抛栽前必须喷"送稼药"。

（6）软盘长秧龄的培育

晚稻迟熟品种（组合）培育长龄秧（6～8叶），可采用湿播、旱育、控氮、化控等措施。对控长不明显的可割去叶片上部部分后抛栽，不影响其生长。

4. 大田抛植

（1）精整本田

抛秧对本田整地质量要求较高，整地要达到"烂、平、净、浅"的标准，即泥要烂，土壤糊烂有浮泥；田要平，高低不差一两厘米；田间无残茬，无杂草；水要浅，以现泥为宜。

（2）抛秧方式

人工抛栽或机械抛栽均可。

（3）抛秧方法

首先要根据不同地区、不同稻作、不同品种、不同产量水平的要求，来确定抛秧密度。一般早稻抛小、中苗的，密度与手插秧的基本相同；中、晚稻抛大苗的，密度可比手插的多10%左右。其次，根据抛栽密度，来计算每亩大田所需的秧苗盘数。

抛秧要达到基本苗适宜、分布均匀、平躺苗比例小的质量要求。要分次抛，垂直高抛（2.5～3.0米），退着抛。抛后每隔3米捡出一条工作道。要随起秧随抛，不抛隔夜秧，不在大风大雨天抛秧。抛后立苗前要防暴雨冲刷，以避免漂秧。

5. 大田管理

（1）水管技术

抛秧栽培的管水原则是：薄皮水抛秧、立苗，浅水分蘖，提前烤田，反复露田，薄水孕穗、抽穗，湿润壮籽。要求在茎蘖数达到计划成穗数的70%～80%时，就开始排水烤田。烤田可轻烤，分次烤，以控制无效分蘖，提高成穗率。以后每次灌水后待其自然落干，反复露田几次，促进根系下扎，防止倒伏。

（2）施肥技术

抛秧栽培的施肥原则是：前足、中空、后补。基肥要施足，一般基肥要占总氮肥量的70%～80%，总磷肥量的100%，总钾肥量的50%～60%。一般大田不追施促蘖肥。穗肥占总氮量的15%～25%，总钾肥量的40%～50%。5%左右的氮肥作后期粒肥补施。早、中熟品种在土壤保肥较好的条件下，可将肥料在犁耙田时一次性全层基施。

（3）化学除草技术

抛秧栽培的除草工作必须与化学除草相配合。一般在抛后5~10天，待秧苗全部直立后施除草剂效果较好，较为安全。除草剂要因地制宜地选用广谱、高效、低残留品种，禁用含有乙草胺、甲磺隆的除草剂。施用除草剂后要保持水层3~5天，水层深度以不淹没秧心为度。

（4）病虫害综合防治技术

抛秧稻的病虫害综合防治工作要根据其生长发育特点，加强预测预报，搞好综合防治工作。具体防治方法与常规水稻相同。

九、水稻全程机械化生产技术

随着城市化进程的加快，农村青壮年劳动力的转移，农业生产出现了"用工荒"。水稻生产的全程机械化，能够节省大量劳动力，有效提高农业生产效率，促进了水稻机械化生产技术的普及应用。目前水稻全程机械化生产技术主要包括水稻工厂化育秧、机械化插秧、植保无人机防治病虫害、机械化收割与稻谷机械化烘干等技术。

（一）水稻工厂化育秧技术

1. 水稻工厂化育秧设备

当前生产上应用比较多的水稻工厂化育秧设备有久保田育秧生产线、矢崎育秧生产线和风雷水稻精量育秧生产线等。

2. 水稻工厂化育秧流程

水稻工厂化育秧流程：基质配制—摆放秧盘—播基质土—刮平—喷水—播种—覆土—喷水—叠盘—送暗化室—摆盘—秧田管理。

①育秧基质。目前使用的育秧基质有厦门市江平生物基质技术股份有限公司的育秧基质、古田县盛丰有机肥有限公司的育秧基质及连云港恒奥达水稻育秧基质。研究表明，水稻纯基质与当地经粉碎、过筛后的新鲜黄泥土按3∶1比例配置的育秧土育秧效果好，所育秧苗健壮，成秧率、地上部干质量、根系干质量等指标均优于纯基质和纯土壤育秧。

②秧盘规格。毯状苗平底塑料秧盘（硬盘）规格58厘米×28厘米×2.5厘米（9寸盘），或58厘米×23厘米×2.5厘米（7寸盘）。

③播基质土。一般每盘基质土用量1.5千克，每亩用基质土25～30千克。秧

盘基质土厚度2厘米。

④喷水。流水线喷淋水使用浇水、消毒桶泵一体设备，配敌磺钠500～600倍稀释液消毒，淋水量控制在使基质水分达饱和状态。

⑤播种。精准控制每盘播种量，要用空盘在流水线上反复调试称量，以校准播种量。一般杂交稻每盘播种量为70～75克（或破胸露白芽谷90～100克），亩用种量1.25～1.50千克；常规稻每盘播种量为100～110克（或破胸露白芽谷130～140克），亩用种量2.0～2.5千克。浸种催芽好的种子要晾干表面水分，以手抓种子不粘手为宜，过湿将影响播种质量。播种后覆土厚度以不见芽谷为准（3～5毫米），过薄种子外露不利扎根，过厚影响出苗。

⑥叠盘、暗化出苗。播种后的秧盘移入暗化车间，叠盘高度以30盘左右为宜，顶部用空秧盘反扣，分批次叠放好。在30℃的恒温条件下，暗化处理48小时，待秧盘内种子长出1厘米左右白色嫩芽后转运到集中育秧大棚或大田秧田进行绿化培育。暗化处理能提高根系盘结力，缩短育秧时间，提高出苗率。

⑦摆盘。将经恒温暗化出苗的硬盘转运到育秧大棚或大田集中摆盘育秧。大棚苗床要充分消毒，水分要充足，秧盘摆盘整齐并轻压，使盘底与土壤完全接触，避免频繁补水而影响盘根。喷敌磺钠全面消毒。大田摆盘将育秧盘2行横排，做到盘底与床面紧密贴合，整齐摆放，摆好秧盘后插竹拱，覆盖防虫网防虫害。

⑧秧苗管理。加强苗期管理，苗期易发生立枯病，应及时防控。看苗补水，苗床盖土不发白，秧苗叶片不卷缩，晴天早晨叶尖有明显水滴不需补水。补水方式以洒滴和喷雾为主。补肥则应微量喷雾，喷后补喷清水洗苗。后期注意通风炼苗，起苗前头天傍晚喷适量清水。插秧前1天排干水，以便秧苗运输。机插秧秧龄一般16～22天，叶龄3.5～4.5叶，苗高15厘米左右，根系盘结好，形如毯状，提卷不散，苗基部宽扁，叶片挺立，茎秆有弹性，无病虫害，长势清秀，无枯黄叶。

（二）机械化插秧（施肥）技术

1. 机插主要机型与功效

当前生产上应用的机插机型有洋马VP6E、星月神2ZG-6Q、2GZ-8Q2等，每小时可插秧100盘（5～6亩），是人工插秧效率的30～40倍。插秧机行距固定为

25厘米或30厘米，株距有11厘米、13厘米、15厘米、18厘米、21厘米、25厘米等多个挡位供选择。

2. 机器调试

为确保插秧机能够正常运行，提高工作效率。作业前机手要对插秧机进行全面检查调试，确保各运动部件运转灵活，无碰撞卡滞现象。调节好相应的株距和取秧量，确保插足基本苗，不压苗、不漏行。根据大田泥脚深度以及土壤软硬度，调整插秧机插秧深度，确保深浅适宜，做到不漂秧、不倒苗。

3. 精细整地

耙田质量的好坏关系到机插作业质量，耕耙后的田面要求田块平整、田土细而不糊、上烂下实、泥浆沉实。为避免栽插过深或漂秧，黏质土壤、中壤土耙平后要进行泥浆沉实1~2天，沙质土壤随耙随插。

4. 适施基肥

结合耙田或插秧机侧深施肥，每亩施28%的水稻专用肥30~35千克（氮、磷、钾比例为15∶4∶9）。

5. 秧苗起运

秧苗插秧前一天浇透水，起秧时先慢慢拉断穿过盘底渗水孔的少量根系，连盘带秧一并提起，再平放，卷苗脱盘。秧苗运至田头时应立即卸下平放，使秧苗自然舒展，并做到随起随运随插，防止烈日伤苗。候插秧苗要及时采取遮阴措施，防止秧苗失水枯萎。

6. 合理密植

根据品种特性、水稻生长环境确定适宜的行株距，一般大穗型品种洋面田栽插规格以30厘米×18厘米为宜，山坡田栽插规格以30厘米×16厘米为宜，丛插2~3粒谷，每亩插足基本苗数3.0万~3.5万，以大穗夺高产；穗数型品种洋面田栽插规格以30厘米×16厘米为宜，山坡田栽插规格以30厘米×14厘米为宜，丛插2~3粒谷，每亩插足基本苗数3.5万~4.0万，以有效穗数促增产。插秧深度以1~2厘米为宜，以利发根与分蘖；插太深缓苗慢、分蘖差，插太浅易发生漂秧和倒伏。机插后及时做好补苗工作，确保全苗。

7. 机插质量要求

漏插率≤5%，伤秧率≤4%，漂秧率≤3%，勾秧率4%，翻倒率≤4%，均匀度合格率≥85%。

8. 侧深施肥

新型插秧机自带或选配功能，水稻机插秧同时，在稻秧一侧进行定量精准施肥。根据其工作原理不同，分为两类：一类是高速插秧机自带侧深施肥机，利用气吹式工作原理完成施肥；另一类是在高速插秧机上加装侧深施肥机，主要采用螺旋式工作原理完成施肥。插秧与施肥同步完成，使秧苗可以快速吸收溶解在土壤中的肥料，提高作业效率。

（三）植保无人机防治水稻病虫害技术

传统的人工喷雾防治，存在行走困难、喷洒效果差、药剂用量大、人工与药剂成本高、土壤污染等弊端，植保无人机在病虫害防治方面具有操作简单、速度快、效率高、喷药均匀、雾流对作物穿透性好、省水省药、减少污染、对不同地域不同地块不同作物适应性强等特点，因此农用植保无人机近年得到了广泛关注与生产应用。

1. 主要使用机型与功效

目前生产上用于水稻病虫害防治无人机的品牌与型号主要有大疆T30、极飞V40、V50、P100等。每次起飞可携带16~80升药液飞行10~15分钟，一般每小时可喷药50亩，是人工喷药效率的60倍以上。

2. 人员配置

无人机飞防作业需要多人配合，一般一架飞机配备3名人员，1名飞手负责无人机操作，1名后勤保障员负责更换电池、充电与药液配置，1名观察员负责避障与飞行安全。

3. 助剂使用

植保无人机在水稻二化螟、稻飞虱及纹枯病、稻曲病等病虫害防治过程中，药液常规用量每亩1升药水加助剂的处理防效与人工喷雾30升药水处理的防效相当。在防治叶部、穗部病害时，无人机飞防的防效好于人工喷雾。在防治中下部病虫害时，人工喷雾的防效好于无人机飞防处理，因此无人机防治稻飞虱时应加入有熏蒸作用的药剂，以提高防治效果；防治水稻黏虫时，应根据其取食活动习性在晴天的傍晚或清晨用药。

4. 注意事项

水稻灌浆中后期穗部重量大，飞防时应控制飞行高度与风力，避免风力过大而导致稻株倒伏。晴朗高温天气上午10点至下午3点禁止飞防作业，以免产生药害。

（四）水稻机械化收割技术

联合收割作业是指水稻成熟时用收割机一次完成收割、脱粒、清选、集粮、秸秆粉碎还田等程序。联合收割机械分全喂入和半喂入两种类型。全喂入联合收获是指将收割下来的水稻茎穗全部送入滚筒脱粒，半喂入联合收获是指仅将收割下来的水稻稻穗部分送入滚筒脱粒。每种机型配有秸秆粉碎机与抛撒装置，使切碎秸秆均匀抛撒还田。

1. 机收主要机型

目前市场销售的水稻收割机有中日合资品牌沃得、久保田、洋马，国产品牌中联重工、湖州星光等。其中，沃得4LZ-5.0E、4LZ-6.0EKQ，湖州星光4LZ-5.0Z、4LZ-6.0ZA等机型具有动力强劲、油耗低、噪音小，采用"骑马式"或"悬挂式"底盘技术，解决上下机架在烂泥田作业夹泥的问题，防陷能力好，烂田通过性强，能较好收割倒伏稻株，市场认可度高。

2. 作业质量要求

全喂入式水稻联合收获机损失率小于3.5%，破碎率小于2.0%；半喂入式水稻联合收获机损失率小于2.5%，破碎率小于0.5%。

3. 机收时间

水稻谷粒90%转为金黄色、穗枝呈黄色，稻谷含水量18%～19%时为最佳机械化收割时间。一般大雨过后及早上稻穗露水未干时不宜开机收割。

4. 机收操作要求

收割前先空载运转收割机各工作机件，检查机械是否正常运行，然后小油门平稳起步，当割刀将要接触水稻时加大油门，收割机按插植方向走直线收割，满幅工作。留桩高度一般在5～20厘米范围内选择。当收割倒伏角度大于45°的水稻时，采取单向顺倒伏或垂直倒伏方向的水稻收割方法。联合收割茎秆应收集成堆或切成一定长度均匀撒在田中，颖壳均匀吹落田中。留茬高度在15厘米以下，且秸秆切碎长度在6厘米左右，并均匀抛洒田间，秸秆不需再作处理。作业过程中要按照机械作业保养制度定时定期对机械进行维护，检查作业质量。如发现问题，及时调整。收获作业结束后，及时将机组清洗干净，尤其是滚筒、清选、输出设备部分的秸秆、杂草、黏土等要冲洗干净，卸下机组上的皮带，进行机器保养，停放在干燥通风农机库保管。

（五）稻谷机械化烘干技术

收割机收割的稻谷含水率为18%～19%，露水未干时收割的稻谷含水率达20%以上，为防止稻谷发热，产生霉变，应及时将稻谷晾晒或用烘干机烘干。但是随着城市化的推进与新农村的建设，可供晾晒稻谷的场所越来越少。因此，稻谷机械烘干是必然趋势，也是水稻全程机械化生产关键技术环节之一。它不仅能够防止稻谷霉变，而且可以降低垩白粒率，提高整精米率和稻谷品质。

水稻机械化烘干技术，是以新型的谷物烘干机或多用烘干机为载体，按照农艺要求的工艺流程，以机电自动控制技术为核心，采用批式低温循环烘干方式，按照设定的烘干温度与水分自动控制，达到烘干物料设定水分时自动停机，在烘干机内降温冷却，从而实现稻谷的烘干。烘干工艺和温度选择，应当根据水稻含水率、使用情况，以及生产厂家烘干机使用说明书要求而定。用于当年加工食用的稻谷含水率应控制在15%以内，进仓长期贮藏的含水率应控制在13%以内。

目前推广使用的稻谷烘干机有上海三久、江苏沃得、安徽赛威等品牌。使用颗粒燃料，每仓可烘15～30吨稻谷，烘干时间16～24小时，每吨的烘干费用约180元（含燃料费、人工费）。

十、籼粳杂交稻品种超高产栽培技术

（一）籼粳杂交稻品种主要特性及推广情况

籼粳杂交稻品种指的是利用籼粳亚种间杂种优势，用粳型不育系和籼型恢复系配组育成的籼粳三系杂交稻品种。

1. 籼粳杂交稻品种主要特性

籼粳杂交稻品种为亚种间远缘杂交，杂种优势明显，具有秆壮抗倒、耐寒抗逆、耐肥抗衰、耐弱光、穗大粒多、高产稳产、整精米率高、米质优、低节位再生力强等优点，尤其在遭受寒露、台风等自然灾害的情况下，产量优势更为明显。

但是，籼粳杂交稻品种也存在秧龄弹性偏小、分蘖力偏弱、有两段灌浆现象、较感稻曲病等不足之处。

2. 福建省籼粳杂交稻品种推广情况

2007年起，福建省开始引进籼粳杂交稻品种，目前生产上推广应用的籼粳杂交稻品种主要有甬优9号、甬优15、甬优17、甬优1540、甬优2640、甬优4949、甬优7850、甬优7860、甬优1526、甬优5552、浙优21、浙粳优1578、春优84等。2021年，这些品种在福建省推广面积达100万亩以上，大部分品种已成为福建省水稻主推品种。生产上籼粳杂交稻品种大面积种植平均亩产达600千克以上，示范片平均亩产达700千克以上，部分超高产示范片平均亩产可达1000千克以上。

（二）籼粳杂交稻品种超高产栽培技术

1. 药剂浸种，通气催芽

使用咪鲜胺等药剂浸种，防止发生恶苗病。籼粳杂交水稻种子吸胀和萌动时间长，要求在药剂浸种 36 小时吸足水分的基础上，通气催芽、冷催芽、耐心催芽。严禁在编织袋或密闭容器内保温催芽。秧盘育秧建议采用浸种后直接机播，覆土淋水码放于室内，覆盖薄膜，48 小时后待芽破土立针，根系扎土后置于秧田。

2. 适期稀播，短龄壮秧

籼粳杂交稻品种具有一定的感光特性，且秧龄弹性相对较弱，重点防范因长秧龄导致的早孕早穗及有效穗不足问题。中稻宜于 5 月上旬播种，秧龄掌握在 25 天以内，晚稻于 6 月中旬前播种，手工移栽的秧龄掌握在 20 天以内，机械插秧的秧龄掌握在 18 天以内。播种量水育秧 10 千克/亩，机插秧每盘 60 克，大田用种量控制在 1.0～1.5 千克/亩。秧田肥水双促，多效唑促蘖。二叶一心期喷 3×10^{-4}（300ppm）多效唑控高促蘖，秧田期特别注意灰飞虱、黑尾叶蝉的防治，警惕矮缩病的发生。

3. 适当密植，双本栽插

籼粳杂交稻品种一般分蘖力较弱，插秧时应全部丛插两粒谷秧。作中稻种植，一般亩栽 1.2 万～1.3 万蔸，每蔸 2 粒谷苗，栽植规格 25 厘米×20 厘米或 30 厘米×18 厘米；抛秧田亩抛栽 1.3 万～1.5 万蔸；机插秧尽量选用行距 30 厘米乘座式水稻高速插秧机（9 寸机），栽插规格以 30 厘米×18 厘米为宜，选取大挡取秧量。作晚稻种植，一般亩栽 1.4 万～1.6 万蔸，每蔸 2 粒谷苗，移栽规格 26 厘米×18 厘米或 20 厘米×20 厘米；抛秧田亩抛栽 1.5 万～1.8 万蔸，基本苗 3.0 万～3.6 万；机插秧尽量选用行距 30 厘米乘座式水稻高速插秧机（9 寸机），栽插规格以 30 厘米×18 厘米为宜，并适当调大取秧量，确保足够的基本苗。

4. 合理施肥，增施钾肥

籼粳杂交稻品种穗大粒多，增产潜力较大，需肥量相对较大，一般亩施纯氮 13～18 千克（根据田块土壤肥力因地制宜），氮、磷、钾比例 1∶0.5∶(0.8～1)，基肥、分蘖肥、穗肥比例，氮肥为 4∶4∶2、钾肥为 2∶4∶4，磷肥主要作基肥施用。穗肥可适当后移，在主茎叶枕平（破口前 7~10 天）时亩施尿素 5 千克加氯化钾 7.5 千克或复合肥 15 千克作穗肥，可提高颖花成花率及结实率。增施钾肥对稻曲病病菌的侵入具有一定的抵御作用。

5. 科学管水，活水养稻

早搁促根，移栽后 4 天秧苗返青，排干田水，晒田 3~5 天，待田间泥土表层收燥，稻株新根发出后灌 5~10 厘米深水层。够苗烤田，湿润壮秆，每丛分蘖 15 个左右时，排水烤田 6~8 天，促进根系下扎，稻株基部粗壮。此后采用间歇灌溉，灌水 2 天，排水搁田 5~7 天，直至孕穗。足水扬花，主茎叶枕平时灌 5~10 厘米深水层。相比籼稻，籼粳杂交稻灌浆结实期长，抽穗后需多灌一次水，全期分多次浅水灌溉，提倡后水不见前水，保持田间湿润，实行"干干湿湿壮籽"，后期切勿断水过早，确保穗基部籽粒充分完熟。

6. 综合防治，重防稻曲

因籼粳杂交稻穗型大、着粒密，始齐穗时间较长，尤其要重视稻曲病防治，重点把握在水稻群体 10%~15% 植株进入叶枕平时进行第一次防治，破口期再防治一次，可选用氟环唑、戊唑醇、井冈霉素等药剂科学防治，用足剂量使药液能够渗透到叶鞘，确保防效。籼粳杂交稻对除草剂施用较籼稻敏感，除草剂要选用籼粳兼用型除草剂，严禁在水稻拔节或幼穗分化后施用化学除草剂。

7. 适当迟收，增产优质

籼粳杂交稻具有分段结实的特性，一般灌浆充实期比籼稻品种长约 15 天，灌浆中后期稻穗谷粒转黄时会有假熟表现，而后再次灌浆，成熟期多灌 2~3 次"跑马水"，可明显提高结实率。每穗 95% 以上的谷粒黄熟时进行收割。切忌断水和收获过早，以免影响结实率、千粒重和稻米品质。

十一、优质稻保优栽培技术

（一）影响优质稻米质的因素

优质稻是指食用优质稻，它是相对一般水稻品种而言，表现出来的特征主要是腹白小甚至没有腹白，角质率较高，米色清亮。优质稻是一个相对的概念，稻米品种也可能因品种退化、气候条件反常、种植管理不当等原因而产生一些变异，从而影响其原有优质特性，被新型的品种取代。总之，优质稻是比较出来的，是经过技术人员的实践，得到大家一致认可的，并且是随着科技发展不断变化发展的。

我国现有两种优质稻标准。一是农业农村部的部颁优质米标准，分一级和二级两个级别的优质稻，主要是针对品种而设的；二是新颁国家优质米标准，简称国标，分一级、二级、三级，三个级别的优质稻，主要是针对稻谷质量而设的。无论哪个标准，都包括碾米品质（整精米率等）、外观品质（垩白、粒形、透明度等）蒸煮和食味品质（直链淀粉含量、胶稠度等理化特性、营养品质（蛋白质含量等）。一般要求蒸煮后适口性好、米饭软硬适中不黏结、冷饭不回生。

影响优质稻米质的因素主要有以下4个。

1. 品种

稻米品质受自身遗传基因的控制，品种对稻米品质起决定作用，只有优质稻品种才能生产出优质稻谷。选种时应综合考虑品种的适应性、丰产性、抗逆性、米质等特性。

2. 栽培措施

①直播与移栽。直播稻外观品质略优于手栽稻和机插稻，可能与直播稻每穗

粒数少、米粒小、容易充实有关。手栽稻库强，相对来讲源不足，其垩白粒率和垩白度偏高。直播稻灌浆结实期温光匹配不协调，后期应控制氮肥用量，避免水稻贪青徒长、灌浆不完全，造成垩白率和垩白度增加，影响水稻外观品质。手栽和机插因品种而异，在蒸煮食味品质上，手栽稻优于机插稻和直播稻。

②插植密度。插植密度影响大米的垩白率、蛋白质和直链淀粉含量：栽培密度过稀或过密，蛋白质、直链淀粉含量上升，青米率、垩白率、垩白度增加，稻米品质下降。

③灌浆期气温。灌浆期高温导致籼稻品种峰值黏度降低，消碱值升高，食味变劣；而粳稻在高温处理下峰值黏度升高，消碱值降低，食味变好。研究表明，齐穗20天内的温度对稻米品质形成具有决定作用，之后温度对稻米品质影响较弱。

④施肥种类与时期。稻田增施有机肥、翻压紫云英、秸秆还田能有效改良土壤理化性状，提升稻米品质。施用有机肥，减少化肥用量，蛋白质含量提高，直链淀粉略有下降，稻米品质明显提高。

氮肥是水稻生长最关键的营养。合理施氮可促进稻株生长，提高光合作用，有利于灌浆充实，降低直链淀粉含量，提高稻米蛋白质含量和整精米率。但过量施氮会导致稻株营养过剩，延迟成熟，"青米"粒增多，后期易倒伏，影响产量和品质。

磷、钾肥是水稻生长关键元素，磷肥能促进籽粒饱满，钾肥有效降低环境条件（弱光）对水稻品质形成的不利影响。整精米率随施钾量的增加而上升，而垩白粒率、垩白度则随施钾量的增加先下降后上升，直链淀粉含量随施钾量的增加先降后升。施磷能提高糙米率、整精米率，但施磷过量也会导致垩白粒率显著提高。施硅肥能显著提升稻米整精米率，改善加工品质，降低直链淀粉含量，提高蒸煮品质。

⑤灌溉方式。灌溉方式对稻米品质有一定影响。与常规灌溉相比，节水灌溉能提高根区溶氧能力，根系更发达，吸收水分和营养能力更强，易获高产，可提高稻米品质，是优质高产栽培水分管理重要措施。灌浆期轻干湿交替灌溉，能提高稻米的精米率和整精米率，降低垩白粒率和垩白度，改善外观品质和食味品质。

3. 种养模式

稻鱼、稻鸭等生态种养模式下，鱼、鸭等动物取食稻田内的杂草、害虫和菌丝,有效控制病虫害的发生;鱼、鸭等动物代谢物又是良好的生物肥料,可持续供应水稻生长发育所需养分。生态种养模式下,水稻全生育期可减少杀虫剂、杀菌剂、化肥用量50%以上或不使用,改善稻田生态环境的同时稻米品质更加可靠。

4. 加工储藏

完熟收获可减少青米的比率,改善米饭的适口性。完熟末期收获稻谷整精米率和粗蛋白含量最高,末期后呈下降趋势。在一定的温度范围内,高温烘干导致稻谷的裂纹率或爆腰率相应增大,出糙率、精米率及米饭的黏度和食味则相应下降。

随着储藏时间的延长与温度的升高,稻米食用品质下降。据研究,在相同的温度变化范围和储藏时间下,以低温为开端的变温模式的稻米食用品质要优于以高温为开端的变温模式。

(二)保优栽培技术要点

1. 选择适宜品种

根据生产需要选择适宜品种。生产普通优质米时,综合考虑米质和产量性状,选择高产品种,如荃优212、野香优744等品种;生产绿色食品大米,选择适应性好、抗病性强的品种,如野香优669、山两优明占等,全生育期按规程使用化肥、农药。

2. 适期播种

平均气温23~26℃、昼夜温差大于10℃,这时段灌浆的稻谷蛋白质和直链淀粉的含量低。低海拔地区中稻品种选择生育期140~145天的品种,5月下旬播种,9月中旬齐穗;中海拔地区中稻品种选择生育140天以内的品种,5月中旬播种,9月初齐穗;高海拔地区中稻品种应根据安全齐穗期适当提前播种。低海拔地区晚稻品种选择生育125~130天的品种,6月中旬播种,9月中旬齐穗。

3. 确定合理群体

根据品种的生育期、分蘖力、落粒性确定适宜插植密度,群体协调,创造有利于水稻高产优质生长环境。人工移栽采用宽行密株插植，采用直播与抛秧方式的每间隔2.5~3.0米捡出工作行，以便农事操作。分蘖力较弱的品种，应适当提高用种量，在培育壮秧的基础上合理密植，中稻栽培插植规格20厘米×27厘米，晚稻栽培插植规格20厘米×20厘米，丛插2粒谷，增加基本苗和有效穗。

4. 采用适宜的栽培方式

由于城镇化进程和农村劳动力的转移，土地经营权流转到专业合作社或种粮大户手中，开展集约化经营是必然趋势。机械化种植是水稻集约化中等规模以上生产发展的方向，小规模种植可以采取直播、抛秧方式。选择栽培方式时，应从有利于水稻优质、高产出发，根据当地的气候资源做出决定。

5. 科学运筹肥料

实施测土配方施肥，氮、磷、钾配合，做到精准施肥。前氮后移，做到"前期早追肥，中稳不疯长，后健不早衰"。坚持有机肥为主、化肥为辅和"控氮、稳磷、增钾、补微"的施肥原则，有机氮占总施氮量的50%以上，有机肥可用绿肥、还田稻草、沼肥、饼肥、禽畜粪便及商品有机肥等。有机肥和磷肥一般全部作基肥，禁止使用未经国家或省级农业部门登记的化学肥料和生物肥料及重金属超标的有机肥料及矿质肥料。

6. 节水高效灌溉

水管与常规的水稻生产相同，做到"寸水返青、够苗拷田、干干湿湿灌浆"，活苗返青前保持浅水层，控水灌溉，灌水深度不宜过深，以2~3厘米为佳。当分蘖数达计划穗数的80%时开始晒田，晒至田中不陷脚时即复水，干湿交替多次，到倒2叶露尖期复水，灌浆期干湿交替至收获前10天断水，以改善稻米的外观品质和蒸煮食味品质。

7. 应用种养模式

因地制宜选用稻—鱼共生、稻—鸭共作、稻—虾共作等高效种养模式，开展优质稻生产。稻—鱼种养模式下，由于鱼的取食活动和排泄施肥，稻田病虫害发生轻，化肥用量下降。基肥、追肥以有机肥为主、水稻专用肥为辅，全生育期内病虫害发生轻，螟虫、黏虫可用核型多角体病毒防治，纹枯病、稻曲病用爱苗于破口前5~7天防治1次。化肥、农药减量50%以上。

8. 绿色生态防控

坚持"预防为主，综合防治"的植保方针，综合措施控制有害生物的发生。以农业防治为基础，综合应用农业防治、物理防治（太阳能诱虫灯）、生物防治（生物农药、性诱剂等）、生态调控，科学、安全用药，减少农药用量和防治次数，提高防治效果，积极创造不利于病虫而有利于各类天敌繁衍的环境条件，增进生物多样性，保持稻田生态平衡，减少各类病虫所造成的损失，从而达到有效控制农作物病虫害，确保稻米安全品质的目标。

十二、高海拔山区优质稻提质高效栽培技术

我国东南沿海地区，峰岭耸峙，丘陵连绵，河谷、盆地穿插其间，发展高海拔山区优质水稻产业有天然的区位优势。

（一）高海拔山区优质稻生产特点

种植地的海拔是影响水稻产量和品质的一个非常重要环境因子。随着海拔的增加，空气密度减小，气温逐渐降低（海拔每上升100米，气温下降0.6℃左右），光照减弱，太阳辐射强度增加，紫外线照射强烈，降水量和降水日数受到影响，从而使水稻的生长发育受到影响，并最终影响其产量和品质。

向远鸿等采用灰色关联度分析法，分析了不同海拔高度下米质总体的变化趋势，结果表明在500～1000米试验范围内，海拔影响稻米品质的综合水平，其影响程度及米质随着海拔变化的趋势因品种（组合）而异：米质越好的品种米质的改善幅度越大，最佳米质的种植海拔越高。

在碾米品质方面，糙米率和精米率受海拔影响较小，整精米率受影响较大，随海拔升高，整精米率有明显增加。在外观品质方面，海拔对粒型的影响较小，对垩白的影响较大：随海拔升高，垩白粒率有明显下降趋势。在营养品质和蒸煮食味方面，刘家富等发现随海拔升高，籼稻和粳稻稻谷的粗蛋白含量增加，且海拔对籼稻、粳稻蒸煮食味品质影响差距明显：随海拔升高，籼稻糊化温度、直链淀粉含量、胶稠度降低，口感变软；而粳稻则随海拔升高，糊化温度、直链淀粉含量提高，而胶稠度没有影响。

高海拔山区优质稻的生产，首先需要考虑水稻的播种日期、抽穗扬花期的气温及优质水稻全生育期的积温（安全生产日期）等因素。水稻是短日喜温作物，其不同生育阶段对温度条件都有一定的要求，籼稻要求播种出苗期的日平均气温

在12℃以上,粳稻要求10℃以上。

因此,适于水稻播种的温度为日平均温度稳定在12℃以上。而水稻抽穗扬花期,粳型品种要求日平均气温≥20℃,籼型品种则要求≥22℃。若日平均气温连续3天以上≤22℃,则易造成低温不结实的现象。海拔升高,春季稳定通过12℃的初日相应推迟。海拔每上升100米,春季稳定通过12℃的初日将推迟3~5天,秋季稳定通过22℃的终日将提前3~5天,水稻安全生长日数将缩短7~9天。罗学刚等在四川绵阳市的研究认为,水稻的生育期随海拔的升高而线性上升,但所需的积温不受地域和播期差异的影响,相对比较稳定。

在高海拔山区,优质水稻生产一般只种一季中稻,且随着海拔的升高,气温降低,光照减弱,光合效率降低,优质水稻生产的播种期也相应地推后,全生育期拉长。在略低海拔(500~1000米)的山区则可采用一季中稻加一季冬种蔬菜的模式。

(二)高海拔山区优质稻提质高效栽培技术要点

高海拔单季稻作区气候具有雨量充沛、日照充足、太阳辐射强、昼夜温差大等特点,有利于水稻生长和提高稻米品质,但是存在着高山稻区土壤质地差、地形复杂、云雾多而病害重,以及农户对优质水稻新品种缺乏常识、田间管理粗放、过度依赖化肥和农药等制约因素。因此,在高海拔山区优质稻的生产过程中,在品种选择的基础上必须进行主要栽培因素的调控,实现水稻产量和品质的"双优"。

1. 提升稻米品质的水稻栽培技术

(1)品种选择

高海拔山区影响水稻生产的因素比较多,有土质、水利、投入和气候因素等。就气候因素来说,主要是降水、光照和温度。高海拔山区水稻苗期、分蘖期和抽穗灌浆结实期等存在低温危害,为了防止高海拔山区因低温引起减产,必须选择适宜高海拔山区种植的优良品种。不仅要求品种优质高产,有较强的耐寒能力、抗逆性与适应性,而且还需要选择抗稻瘟病和抗稻曲病等特性。选择优良的水稻品种是高海拔稻区实现"双优"的关键。目前在福建省高海拔山区种植面积较大的优质稻品种有中浙优8号、中浙优1号、花2优3301、宜优673、天优3301、广两优676、甬优9号、丰优22等。

（2）种子处理

水稻品种优选完成后，需要进行浸种催芽。浸种时可结合消毒，可用强氯精。先用清水预浸1天，再用强氯精300倍液浸种消毒1天。经药物消毒过的种子，必须用清水洗净。然后浸种4天。催芽掌握4个阶段，即高温露白、适温催根、保湿催芽和摊晒锻炼。

（3）及时播种，培育壮秧

高海拔水稻种植区域气温水温较低，生育期延长。根据高海拔山区气候变化特点，播种期应在4月中下旬至5月上旬，秧龄为30～40天。播种期避过"倒春寒"，充分利用七八月光温优势，形成高产稳产的水稻群体，并能确保在9月15日前安全齐穗，防避"秋寒"。

高海拔育秧时节气温不稳定，一般采用薄膜保温湿润育秧方式防止冻苗，选择肥力中等以上、背风向阳、利于排灌的田块作秧田。平整厢面后，将处理过的种子均匀撒播厢面，种子播种量不能过密，一般每亩大田用种量为0.75～1.25千克。育秧苗床与移栽大田的面积比例不大于1:15，种子撒匀后泥浆落谷，下陷半粒种芽，轻轻压种，用谷壳灰、山土灰盖种，最后拱架覆膜，薄膜严密封闭保温。如果膜内温度超过35℃，就要揭开薄膜两头通风降温，防止高温烧苗。待气温稳定后（15天左右）即可揭膜。

秧田水肥管理与一般生产相同。

（4）适时移栽，适当降低插秧密度

高山稻田区，秧苗叶为5～6叶时可以进行移栽。插植密度根据土壤条件和气候环境确定，应适当降低栽培密度和成熟阶段群体规模，建立"小、壮、高"水稻提质高产群体，即小群体，壮个体，高积累，这样有利于水稻个体充分接受阳光，保证每一个籽粒更饱满和充分成熟。种植密度为每亩1.2万～1.7万丛，移栽方式采取"浅插入、宽窄行"形式，以改善通风透气条件，提高群体中后期的光合生产能力，从而提高结实率和千粒重，增产提质。

（5）降低氮肥使用量，均衡植株营养

多施氮肥有利于实现高产，但不利于优质。氮肥过量直接恶化稻米品质，且导致群体内分蘖和穗内小花发育不齐，导致群体过大和倒伏发生，病虫害加重，不利于优质稻生产。因此,高山稻田优质稻生产田要均衡施肥,将总氮量降低到适宜用量的中低水平,同时增施磷、钾肥和有机肥,确保满足水稻对微量元素的需求,以提高稻米的营养品质。施肥需要根据水稻各个生长阶段的养分需求进行精准操控,具体施用量与施肥方法可参考相关内容。

(6) 灌溉技术

在水稻生长的过程中,水稻的灌溉技术会对水稻的外观、品质及生长速度产生一定程度的影响。高山稻田一般都有无污染的水源,但要选择适宜的灌溉技术。因为高山水温偏低,在水稻生长初期要强调浅水,以促进新根的早发,保证水稻获取充足的氧气;分蘖末期落干晒田,控制无效分蘖;抽穗期可通过深浅交替灌溉,使水稻获取足够的水分;收获前半个月必须断水,严禁提前停水,以防稻米品质受到影响。

(7) 及时收获

过早收获则部分籽粒未成熟,过迟收获则可能遭遇雨水淋洗和阳光暴晒,米质变劣。因此,优质稻生产特别强调及时收获,一般在整穗八九成黄熟时抢晴天收获,收获后及时干燥。

2. 高海拔优质稻主要病虫害防治技术

高海拔山区高温高湿,气候不稳定及复杂的地理环境,在水稻生产过程中容易产生稻瘟病、白叶枯病、稻曲病、纹枯病、稻飞虱等病虫害,对水稻的产量、质量等形成较大影响。对此,应始终坚持预防为主、综合防治的方针,减少初侵染源,选择高抗品种,积极推广科学的栽培管理技术,及时选择药物进行防护,这样能够降低发病率,保证种植安全。

水稻栽培的不同时期,面临不同的病虫害风险。做好田间管理,如田间灌溉、追肥除草等工作,有利于做好病虫害防治工作。积极开展生物防治,通过绿色栽培确保优质水稻栽培的质量。例如,在稻田中饲养鸭子等家禽,可有效降低虫害数量,实现病虫害综合防治的目的。

十三、稻田农旅融合提质增效技术

（一）稻田农旅融合模式

稻田农旅融合指在郊区、旅游区水稻生产过程中，通过各种技术措施，打造稻田独特美丽的田园风光，结合稻田养萍、鱼、鸭、螺及稻田认养，开展稻田农耕文化宣传与农事现场活动，增加游客体验感，强化稻田优质绿色产品及品牌开发，增加稻田产品附加值，将水稻种植这一传统农业与现代休闲观光相结合，以农促旅，以旅带农，大幅提高稻田产出效益。

目前福建省稻田农旅融合模式主要有以下两种。

①梯田。主要代表有尤溪联合梯田和华安石林梯田。依托梯田独特的自然景观，结合人工打造景观和当地农耕文化，实现梯田的农旅融合。

②"稻田+"田间综合体。主要代表有浦城县十里莲塘田园综合体和武夷山五夫田间综合体。以建设"稻田+"现代农业产业示范区为依托，以乡村文化休闲和田园康养旅居为支撑，打造"吃、住、购、玩、看、学"于一体的田间综合体。

（二）稻田农旅融合提质增效技术要点

1. 品种选择

围绕田园观光、稻田种养、稻米开发，选择品质优、株叶态好、抗倒性强、后期转色佳、抗病性强的优质稻品种。

2. 稻田景观打造

利用各种技术措施，构建稻田美丽景观，因地制宜地建设观景台，满足游客

"看"的需求。

（1）稻田绿色防控与景观打造

①农业防控。冬季进行溶田，加快稻桩腐烂，灭杀越冬螟虫，降低来年一代虫口基数，减少农药使用次数。同时，利用冬季溶田，打造梯田天光云影、水天一色美丽田园景观（图13-1）。

②物理防控。安装太阳能风吸式杀虫灯，对二化螟、大螟、稻飞虱、稻纵卷叶螟等重点害虫成虫进行诱杀，降低害虫虫口基数；利用稻飞虱行为调控灯，通过特定波长和经编程的光照强度高低频率变换，影响夜间水稻害虫视觉感受器，进而打乱其昼夜节律，干扰其取食、求偶、交配及产卵等行为，减少产卵量、降低虫口密度。同时，合理布局杀虫灯、调控灯，打造"璀璨星河"的美丽夜景（图13-2）。

图13-1 稻田溶田

图13-2 防控灯光夜景

十三、稻田农旅融合提质增效技术

③生物防控。在稻田田埂种植香茅、波斯菊、格桑花、羽扇豆等蜜源植物,培育稻田害虫天敌。田间放置水稻螟卵寄生蜂——赤眼蜂卵,控制螟卵孵化率,以虫治虫,达到生物防控效果。同时,利用蜜源植物开花时,群花竞放,打造田埂繁花与金黄色层层稻面交相辉映的田园风光(图13-3)。

图13-3　田埂繁花

(2)稻田彩绘与景观打造

利用有色稻资源和测绘定位技术,制作稻田彩绘图案,打造田园美丽景观(图13-4)。彩绘图案内容可为宣传党的方针政策、突出时代精神,也可充分融合当地文化元素,体现当地文化底蕴,增强景区吸引力。

图13-4　稻田彩绘

3. 稻田综合种养

冬季稻田溶田后放养红萍，红萍下放养原生田螺，这样可躲避白鹭啄食，田螺可出售增加农户收入。利用红萍固氮功能，增加土壤速效氮和有机质含量，来年可少施氮肥，提升稻米品质的同时达到化肥减量的目标，做到冬田不闲。开展稻田养萍、鸭、鱼、泥鳅、螺（图13-5），减少农药施用量，在适当时节，组织游客现场插秧、割稻、抓鱼、钓蟹、捡螺、摸泥鳅等活动，增添游客现场体验与互动感，满足游客"玩"的需求；开展稻田网络认养，组织认养人到现场进行稻田农耕农事活动，增强认养人现场体验感。建设生态餐厅，就地取用食材，满足游客"吃"的需求。

图 13-5　稻田养螺

4. 稻田产品及品牌开发

充分利用当地的文化特色和底蕴，积极打造大米品牌（图13-6），如梯田香米、浦城大米等，大幅提升稻米价值。在稻田安装物联网，设置监测点，进行可视化监管，从冬季溶田到水稻开镰收割，完整的一个生产过程都可以被监测到，打造看得见的"绿色稻米""高品质稻米"，满足游客"购"的需求。

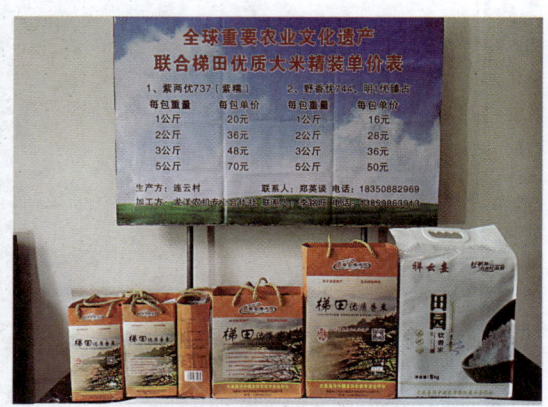

图 13-6 稻米开发

十四、稻鸭种养技术

稻鸭种养是一种水稻+鸭子的种养结合模式。在距今约800年前，农民就发现野鸭捕食杂草和害虫，并开始稻田养鸭。20世纪90年代，稻鸭种养技术在日本迅速开展起来，推广至日本全国，韩国、越南、菲律宾等亚洲产稻国也相继开始发展，这一技术被称为"亚洲共同的技术"。2000年以后，江苏省镇江市科学技术委员会的沈晓昆从日本引进稻鸭种养技术，后在国内实践探索形成一套完善的新型稻田栽培模式，近年福建霞浦县水门乡、牙城镇，浦城县等地先后有农户成功进行稻鸭种养，取得较好的经济效益和生态效益。

稻鸭种养技术通过在稻田中放养的鸭群来捕食螺类、稻虫和杂草，大大降低了水稻病虫害的发生；鸭粪还田，产生浑水肥田的效果，减少了肥料的施用；利用鸭子不间断的活动来疏松土壤，刺激水稻植株分蘖。而稻田为鸭提供场所、水源和食物，两者相得益彰。稻鸭种养技术是一项种养相结合的生态型综合农业技术。

（一）稻鸭种养技术的田间工程

1. 水田的选择

①位置。要求选用远离村镇、海拔较高、排灌顺畅、交通便利，不受上游及附近农田用水、施肥、喷药影响的地块。

②水源。水稻和鸭的生长、品质受水质影响较大，进行稻鸭种养作业时优先选用水源充足，没有工业污染、生活污染，水质良好（每升水溶氧量≥5毫升，水呈中性或偏碱性）的区域。

③土壤。除了砂质土壤，一般水稻田的土壤均适用稻鸭种养，但以黏壤土为宜。底土肥沃，保水保肥性能强的田块土壤是稻鸭种养的最优选择。

2. 田间的配置

①灌溉配置。稻鸭种养作业在插秧后需要保持水层深度稳定。根据排灌要求,整体规划灌溉中的涵、闸、渠、路,确保排灌通畅,旱涝保收。

②田块配置。要求田块平整,以利农机作业和围网养殖。一般以 20~30 亩以上集中连片的田块为好,以提高种养效率。

③田埂配置。为满足保水保肥要求,与普通水稻田相比,要适当加高加固田埂,尺寸为 20~30 厘米高、60~80 厘米宽。另需在田间预留 50 厘米宽的鸭道,便于鸭子入水。

④鸭舍配置。搭建鸭舍材料主要为竹子、木材、石棉瓦等,地面铺盖秸秆,为雏鸭提供干燥的栖息地。鸭舍尺寸以 3~4 米长、0.6~0.8 米宽为宜,单个鸭舍最多容纳 100 只左右鸭子。在野猪和大型鸟类等野生动物危害地区,还需拉设电网,保障鸭子的安全。

(二)水稻生产技术要点

1. 水稻品种选择

首先,选择有适口性好的优质稻品种;其次要求品种抗性强、分蘖力强、抗低温冷害能力强、生育期适宜。

2. 秧苗期管理

稻鸭种养模式的秧田以旱育稀植为宜,秧龄在 30 天左右,与雏鸭鸭龄相协调;秧苗高 20~30 厘米,1~2 个分蘖,适合雏鸭入水。秧苗期管理同常规旱育秧模式管理相同。

3. 栽植密度确定

栽植密度需考虑水稻高产稳产,同时保证鸭子有充足的活动空间。稻鸭种养模式的稻田栽植密度应适当小于常规种植密度,行距 24~27 厘米,株距 18~21 厘米,亩栽 1.0 万~1.2 万穴,基本苗 5 万~6 万株。

（三）鸭子养殖技术要点

1. 前期准备

在田间工程配置齐全后，稻田保持 5 厘米左右的水层，方便雏鸭嬉戏和觅食。根据鸭子数量放置食台，平均 15 只鸭子一个食台为宜，并备好优质的雏鸭料。

2. 放鸭时间

水稻移栽活棵后进入杂草萌发期，此时即可放入鸭子。一天中选择上午 9 点到 10 点赶鸭子入田，此时的温度最为适宜。若遇到阴雨天气，可以相应推迟入田时间。

3. 鸭群数量

鸭子有群居习惯，鸭群过大会影响稻苗生长；鸭群过小则经济效益不显著。根据实践经验，一亩田的鸭子放置数量以 15~20 只最为合理。

4. 初放区的设置

在整块大田中设置初放区，方便鸭子活动 1~2 天。待鸭子适应田间生活，能找回鸭舍的位置，掌握每日的入水入舍规律后，再放到大田中去。

5. 鸭的补饲

雏鸭放入稻田后，会很快采食稻田内的杂草、害虫和一些小动物。一般一天补饲 1~2 次。投放饲料的地点，可以在简易鸭舍或靠近简易鸭舍的陆地上，投饲地点要相对固定，这样鸭子能很快记住投饲点，只要人一呼或看到主人来喂食，就会很快聚拢过来。

6. 鸭子的护理、照看

鸭子放入稻田后，要经常巡田观察，注意查看有无鸭子生病、死亡，发现情况及时处理。

7. 鸭子的调教

鸭子的视觉、听觉较灵敏，对各种声音和饲养员的吆喝声反应快，容易接受训练和调教。一般采用吹哨子来呼唤鸭子。

（四）稻鸭共作期管理

1. 放鸭时间

稻鸭种养技术是把水稻生产和鸭子养殖两条线从分离到结合再到分离的过程。早期，水稻育秧和鸭孵化育雏是单独进行的，两者的起始时间大致相同。水稻从播种期到移栽期30天左右，鸭的孵化时间28天。移栽5～7天后放入雏鸭，抽穗期后进入回收阶段，历时60～70天（图14-1）。

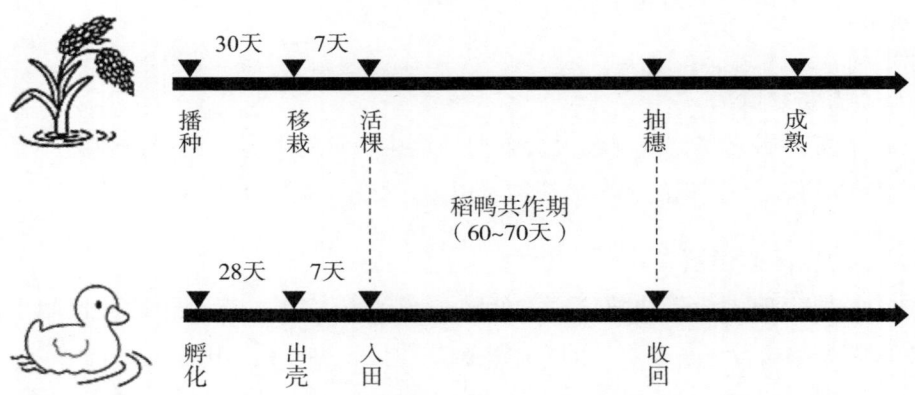

图14-1　水稻生产与鸭子的养殖时间（参考沈晓昆主编《稻鸭共作》）

2. 水管理

稻田养鸭期间的水质需始终保持在泥水状态，保持死水有利于提高杀草效果和肥效。鸭初入田时保持5厘米深水层，营养生长期保持水层深10厘米以上。生殖生长期，即出穗前20天，为了抵御低温冷害保持水层深20厘米以上，出穗后开始灌深10厘米以下的浅水，以改善根系的通气条件和提高结实率。稻鸭共作期间不烤田，这点有别于常规水稻栽培的水管理。

3. 肥管理

稻鸭种养模式实施过程中，原则上不施用化肥。若遇地力不足，可施用少量有机肥作基肥，后期不追肥。采用水旱轮作、种植绿肥、稻鸭萍共作等方式改善土壤条件，提高地力。

4. 病虫害管理

对于稻田病害防治，可以选用抗病性强的水稻品种，在海拔较高的地方建种植基地也能大幅度降低病害发生程度。对于稻田虫害防治，鸭子的生物防治能取得较好的效果，但对三化螟防治效果却不理想。对此，可以配置杀虫灯诱杀幼虫，降低螟蛾危害；而幼虫被诱杀后回田，又能作为饲料饲养鸭子。

（五）稻鸭收获销售

1. 鸭上市

水稻进入抽穗期后稻鸭就可上市。

2. 稻的收获及销售

齐穗后待浑水澄清后，即可放水烤田。当95%的谷粒黄熟后即可收获水稻。稻鸭共作，不施用化肥、农药、除草剂，生产出无公害的稻米，所以稻米价格要高于普通稻米。

十五、水稻冬种紫云英化肥减量栽培技术

紫云英属十字花科越年生植物，具有固氮功能，是主要绿肥作物。针对当前稻田过量施肥和肥料结构不尽合理，带来了土壤板结、酸化、面源污染和生态平衡破坏等一系列问题，福建省现代农业水稻产业体系提出冬种紫云英化肥减量技术模式，利用冬闲田种植紫云英，增加土壤有机质，改善土壤团粒结构和土壤理化性状，提高土壤肥力，增加作物产量，降低农业生产成本，在维持水稻高产的同时提高肥料利用率，这对实现水稻优质、高产、高效生产和可持续发展具有重要意义。

（一）紫云英压青还田作用

1. 改良土壤，培肥地力

据有关报道表明，紫云英连续3年翻压还田后，土壤有机质增加15.8%，容重下降8.7%，土壤全氮、全磷、全钾、有效磷、速效钾和阳离子交换量分别增加18.4%、16.7%、9.5%、19.7%、70.5%和23.8%。另外，紫云英残留许多未分解的腐殖质在土壤里，改变了土壤结构，使泥土变成疏松酥软，有利于作物根系通风透气，促进根系的生长。

2. 减肥增产，提质增效

据测算，按每亩紫云英鲜草产量1500千克还田，可为每亩大田提供氮素7.9千克（相当于16.5千克尿素）、磷素1.6千克（相当于过磷酸钙13.3千克）、钾素1.8千克（相当于氯化钾3.0千克），减少化肥施用量20%左右，作物增产5.5%~12.3%，亩均节本增效55元以上。

3. 提供优质农产品，促进可持续发展

紫云英还田可减少化肥施用量20%左右，减轻了不合理施肥对土壤和水源的污染，改善了生态环境，同时生产的后茬稻米品质更优，促进了水稻高产、优质、高效、安全、生态农业的可持续发展。

（二）冬种紫云英栽培技术要点

1. 品种选择

生产用种必须符合国家三级种子标准，即种子纯度不低于94%，净度不低于93%，发芽率不低于80%，水分不低于10%。中稻区宜选择中晚熟品种闽紫2号、闽紫4号、闽紫5号、闽紫6号、弋江籽、余江大叶、宁波大桥等品种。双季稻区宜选择早中熟品种闽紫1号、闽紫3号等品种。

2. 种子处理

种子处理包括晒种、擦种、选种、浸种和拌种等环节。播种前选择晴天的中午将种子摊晒4～5小时，晒种后加入1～2倍的细砂装入编织袋进行擦种，将种子表皮上的蜡质擦除，以打破休眠（注意不擦伤种子），提高种子吸水速度和发芽率。然后，用5%的盐水选种，清除病粒和空秕粒。将选出的种子用5%的腐熟稀人尿浸种8小时，或用0.2%的磷酸二氢钾溶液浸种10～12小时，浸后捞出晾干，用肥泥或常年种植绿肥的水稻土拌种，以利接种根瘤。拌种后要尽快（12小时内）将种子播入土中。为节省劳力，也可直接播种，但需适量增加用种量。

3. 适时播种

紫云英一般在10月初至10月中旬播种，即掌握晚稻稻穗开始勾头时，在割稻前15～20天播种。播种过早，稻肥共生期过长，幼苗瘦弱；播种过迟，则易受冻害，越冬苗不足。一般亩用种1～2千克。由于紫云英用种量少，为确保均匀出苗，播种时每亩要拌潮沙土10千克，分畦匀播，落子均匀。播种前稻田先排水落干，掌握田面湿润不积水。缺水稻田播种后应灌一次跑马水，保持田面湿润。

4. 开沟排水，覆盖稻草

水稻收割后，开好"十"字沟或"井"字沟及田边的围沟，达到沟沟相通，排灌自如，田土沉实，田面不积水，同时覆盖稻草，以利于排水、保湿。紫云英既怕渍又怕旱，应及时开沟灌排水，保持田面湿润不干裂。促进早出苗、多出苗、出齐苗，紫云英出苗后（12月上中旬）要及早追施肥料，即冬施腊肥。冬前紫云英种植以保苗为主，一般亩施尿素5~10千克，以培育壮苗，促进生长，使紫云英在寒冬季节来临之前生长健壮，以抵御寒害，确保紫云英鲜草产量。有稻草堆的，要及时散开，均匀覆盖既保证出苗又能提高田间保温性能，避免焚烧稻草和田埂杂草。

5. 及时治虫防病，确保产量

紫云英主要有白粉病、潜叶蝇、菌核病等病虫害，要及时对症施药。

6. 适时翻埋压青，培肥地力

掌握在早稻插秧前10~15天翻犁压青。压青前，每亩结合撒石灰15~20千克，以加速鲜草腐烂，免除有机酸危害。紫云英植株80%是水分，只有15%为有机质，次年3月底开花结荚后自然隐蔽塌陷，极速腐烂，切勿喷施除草剂。

（三）后茬水稻水肥管理

中等肥力田，目标产量为每季每亩400~500千克，每亩化肥总施用量：氮（N）10~12千克、磷（P_2O_5）4~5千克、钾（K_2O）6~8千克。每亩紫云英翻压鲜草量1500千克的稻田，氮、磷、钾肥料施用量相应减少20%~30%，每亩化肥施用量按纯氮（N）7~9千克、磷（P_2O_5）3.0~3.5千克、钾（K_2O）4.5~5.5千克。

十六、杂交稻母本直播制种技术

母本直播制种比传统的移栽制种省去了育秧、移栽环节,减少了肥料的施用,既省工、省成本,又降低了劳动强度,越来越受到制种农户和种子企业的亲睐。为此,福建省现代农业水稻产业体系开展了杂交水稻制种母本直播技术研究,并在制种实践中总结出杂交水稻制种母本直播技术的实用操作规程。

(一)播期安排

父本的栽培技术与常规法相同,生育期比较稳定,但母本直播则其生育动态和生育期均发生变化,母本既不需经过移栽也没有返青期,播始历期会缩短3～4天。因此,母本直播制种比移栽制种的时差相应地增加2～4天,叶差增加0.5～1.0叶。

(二)母本用种量

直播制种母本成苗的大田环境较秧田差,种子利用率相对较低,要保证成穗数须有一定的基本苗,应适当增加播种量。一般较水育秧增加用种量20%～30%,亩用种量增加0.5～1.0千克。根据母本种子千粒重的大小及种子发芽率确定用种量,一般母本种子用量在3～4千克。

(三)大田准备

1. 二次翻耕

田面平整、防止积水是保证母本种子直播后全苗、齐苗的基础。母本直播田要求泥烂、田平，既有利于秧苗扎根和成苗，又有利于灌水，抑制杂草生长。母本直播制种田切忌现耕现耙，前作必须在播种前15天以上收获完毕。根据杂交水稻制种技术方案的错期安排，在播种前15天将大田进行第一次深翻耕，将水排干，任杂草和落地谷生长，如遇杂草多的田块可施用除草剂。在播种前3~5天进行第二次翻耕。

2. 开沟整田

播种前1~2天，开好围沟，将田块耙平，平整田面，防止积水，田面平整，这是母本直播制种保证齐苗、全苗、匀苗的基本要求。无论水直播还是旱直播都要求泥烂田平，以利秧苗扎根和成苗，也利于灌水，抑制杂草生长。同一田块内做到每厢秧板平整高差不超过3厘米，高差较大的地段要筑分隔田埂。

3. 施足基肥

在母本播种前，根据田块肥力情况，每亩施用45%氮磷钾三元复合肥20千克，切忌施用含碳铵、硫等刺激性肥料，以免影响母本的成苗率。结合第二次翻耕，灌深水，并撒施丙草胺等除草剂，保持水层3~4天封闭，把杂草和落地谷沤烂。

4. 父本移栽

两期父本同天栽插，每期各栽1行，行距26~33厘米。短错期组合，父本栽在畦边；长错期组合与母本手工插秧田相同。为保证母本的出苗率，母本播后要保持7~10天的露田出苗期，此期间不宜移栽父本，也不宜将移栽父本的返青期安排在此期间。

（四）大田播种

1. 浸种催芽

浸种前5~7天选晴天翻晒母本种子，有利打破休眠，以提高壮苗率。播种前应进行种子消毒，宜用保鲜克2毫升对水4~6千克，浸种子2~3千克。一般浸种4~6小时，浸后不必清洗，直接催芽。注意母本根芽不宜催得过长，不宜超过0.5厘米，否则易造成芽谷结块，播撒不均匀。

2. 多效唑拌芽

母本在播种前可用多效唑拌芽，即按 0.5 千克干种子用 0.7 克 15% 多效唑的比例，将多效唑对少量水后均匀喷雾芽谷（拌芽），拌后过 2~3 小时任种子将水吸干，以便播种。

3. 精细播种

要求带秤下田，将芽谷分田块分厢过秤，做到稀播匀播。播后压种，可起到防鼠防雀和避免高温烫伤种子的作用。播种前注意天气预报，避开暴雨天气。

（五）大田管理

1. 移栽补苗

母本秧苗长至 3 叶时，可开始移密补稀，并将长在父本边的秧苗和撒落厢沟间的秧苗移到稀处，使直播母本分布尽可能均匀。重点移开距父本 15 厘米以内的母本苗。

2. 施肥

在播种前每亩用 45% 氮磷钾三元复合肥 20 千克作底肥；母本长至 2 叶 1 心时，每亩用尿素 5 千克加氯化钾 4 千克作断奶肥；母本长至 5.5~6.0 天叶时，每亩用 45% 氮磷钾三元复合肥 25 千克加尿素 5 千克作分蘖肥。进入幼穗分化后，根据苗情、亲本特性、土壤保肥能力酌情补施。后期一般不施肥，以免贪青倒伏，但有的母本抽穗时苗青有利于提高结实率，对此可补施穗肥；有的母本生育期长、需肥量大，需要补施穗肥；有的田块保肥能力差，也要补施穗肥。

3. 水分管理

排水播种，播后不灌水，保持湿润。母本秧苗在 2 叶 1 心前不能灌水上畦面，以利秧苗扎根。母本秧苗 2.5 叶时灌浅水，之后浅水勤灌促分蘖，够苗后及时晒田，多次搁田，以控制无效分蘖和高位分蘖；倒 3 叶抽出后及时复水，之后浅湿交替灌溉，至抽穗扬花期灌深水，以降低穗层温度，促进受精结实。赶粉结束后保持田间干湿交替，收割前 10 天左右断水。

（六）花期调节

母本直播制种，母本群体大，主茎和低位分蘖多，直播稻穗比移栽稻穗小，抽穗整齐开花集中。因此，花期安排上应根据亲本抽穗扬花特性作相应调整，确保父母本的最佳花期相遇。

1. 短生育期组合（父本抽穗整齐组合）

父本分蘖少，抽穗整齐，扬花期短，应安排父母本同时抽穗，或父本比母本略慢 1~2 天抽穗，以保证盛花期相遇，提高结实率，增加产量。

2. 长生育期组合（父本抽穗欠整齐组合）

父本分蘖多，抽穗欠整齐，扬花期长，应安排父本比母本略快 1~2 天抽穗，以保证母本始花不空，盛花相逢，尾花不丢，提高结实率，增加产量。

（七）喷施九二〇

九二〇的用量与喷施时期，直接影响制种产量的高低。直播母本植株扎根较浅，低位分蘖多，苗数足。九二〇施用过早或过量，均易造成上部节间过度伸长，导致植株过高而倒伏，既影响制种产量，又影响种子质量。由于不育系对九二〇的敏感程度有差异，因此不同母本喷施九二〇时期与用量应有所不同。例如 Y58S 较抗倒伏，但其对九二〇较为敏感，喷施时期以见穗 15%~20% 为宜，总用量每亩 26.6~40.0 克，先轻后重，分 2 次喷施；对九二〇敏感性一般的荃丰 A、谷丰 A 和冈 48A 等不育系，喷施时期以见穗 5%~10% 为宜，九二〇总用量每亩 40~50 克，分 2 次喷施。

此外，母本直播制种田，母本群体大，主茎和高位分蘖多，抽穗整齐，在确保母本不包颈、不倒伏的前提下，可在制种母本人工移栽方式抽穗指标用量的基础上适当提高 5% 左右的用量。

（八）杂草与病虫害防治

1. 杂草防治

制种田的主要杂草有稗草、牛毛毡、鸭跖草、千金子等，因此必须采用化学防除为主、生态防除相结合的对策，具体措施如下。

①在播种前15天对制种田进行翻沤，并视杂草情况，施用1次除草剂，尽量减少杂草基数。

②化学除草宜在母本秧苗长至2叶1心时进行，在排干水后喷施稻杰、草稗一次净、田青等直播田专用除草剂，喷后24小时复水，并使水层保持3天以上。如遇千金子为害严重的田块，可用除草剂千金喷杀，效果很好。

③如用直播好除草剂，可在母本播种后3天喷施，喷后24小时畦面上水，并使水层保持3天以上。喷24小时内如遇下雨则喷药无效，应采用其他除草剂重喷。

2. 病虫害防治

杂交水稻制种田是一种高投入、高标准的稻作栽培方式。易感病虫害，其主要病虫害是与其他稻作生产田一样，常见"二病四虫"，即稻瘟病、纹枯病、二化螟、稻纵卷叶螟、稻蓟马和稻飞虱。重点防治纹枯病和稻飞虱。直播制种群体结构大，荫蔽度高，容易诱发稻飞虱和纹枯病，主要采取如下措施。

①稻飞虱的防治。在母本始穗时重点防治稻飞虱，防治药剂可用吡虫啉。

②纹枯病的预防。在母本够苗后和始穗时各喷1次爱苗，每次药剂用量为每亩10~25毫升。如采用飞防，每亩用水量2~3千克；如采用人工喷雾，每亩用水量40~60千克。全田均匀喷施。

（九）除杂保纯

母本直播田的杂株来源于父母本和上年度的落地谷，因此在除杂保纯方面主要采取如下措施。

①母本直播制种要求母本纯度在99.5%以上，一般不提倡人工去杂。如果要

进行人工除杂，方法同移栽制种。

②对有落地谷的田块，应在母本播种前15天将制种田翻耕耙平，排干水任落地谷生长。在播种前1星期，再翻沤1次消灭落地谷。

（十）种子收获

母本直播制种，母本杂乱无序，不便人工收获，应采用收割机收获。在母本收获前先割父本，父本割后立即用收割机收获母本。割后及时扇净晒干，保证种子净度和发芽率。

十七、杂交水稻制种母本机械化育插秧技术

杂交水稻制种生产是水稻杂种优势利用的中间环节，在应用推广上起桥梁作用。随着社会发展，农村人口向城镇转移，农业从业人员向第二、第三产业发展，水稻制种、种植乃至农业领域出现劳动力紧缺，导致生产成本剧增；随着种子产业化进程的加快，对制种规模化和集约化的需求越来越高。为此，必须探索出一条轻简化的制种模式来解决这一矛盾。杂交水稻制种母本机械化育插秧技术相较于传统的人工移栽制种可大幅度提高农业生产效率，降低劳动强度，节本增效，越来越受到制种农户和种子企业的青睐。

（一）杂交水稻制种母本机械化育秧

1. 播期安排

父本的栽培技术与常规人工移栽相同，生育期比较稳定，但母本机械化移栽因移栽秧龄短、栽植密度等原因，其生育动态和生育期均发生变化。一方面，采用短秧龄会缩短播始历期；另一方面，播种密度加大，机械插秧对秧苗的损伤会延长播始历期。近年来试验示范结果表明，机插母本与传统手工插秧相比，播始历期大多延长1~2天，变幅较大。大面积生产上，为安全起见，播期差的调整应通过试验来确定。

2. 母本用种量

播种密度高，则播种容易均匀，插植漏苗少，但秧苗适龄期短；播种密度低，则秧苗适龄期较长，但不利于机械取苗，易出现漏插现象。采用手工播种不容易均匀，而采用机械播种可大幅提高播种均匀度，生产上已有性能较好的能配合干土法及稀泥育秧法的播种设备。试验示范表明，考虑机械插秧会损伤部分秧苗，相应的母本机械化育插秧用种量应与人工手插相同或增加10%。手工播种机

插效果较好的播种密度为430~460克/米^2，秧龄3.5叶；采用机械播种的相应播种量为370~400克/米^2，秧龄4.0叶。

3. 育秧

（1）育秧方式

①半机械化稀泥育秧。半机械化稀泥育秧机插技术经福建省农业科学院水稻研究所多年试验，技术要点如下：先在秧畦之间的沟中灌水，将秧畦边上约5厘米宽的土壤切入沟中，然后用压滤筐（由15毫米×15毫米的钢丝筛网制成）不断撞击沟中的土块，使其被击碎并与水混成泥浆，并将泥浆中的石块等杂质压至底层。在不断撞击过程中，泥浆浓度不断增加，当泥浆浓度达到含土率33%~36%时（此时泥浆还有较好的流动性），将压滤筐放入沟中，让其周围的泥浆通过其周边的过滤网流入筐中，再用容器或泥浆泵将过滤后的泥浆移入放在秧畦上的育秧软盘中。经过一定时间沉实后，软盘中的泥浆会自然沉实脱水变浓，当其浓度达到"半籽入泥"（播种后种子有半粒沉入泥浆，需6~24小时，泥浆浓度为含土率42%~45%）时便可采用播种机播种。该方法培育的机插秧苗在质量上同干土法一样，秧苗质量好，规格标准均匀，秧土中不含石子等杂质。

②干土法机械化育秧。干土法机械化育秧技术是在工厂化育秧的基础上总结转化而来的低成本、简易化育秧方式。该育秧方式成本低，质量好，易于操作，适合机械化栽插的要求。干土法机械播种的作业流程如图17-1。

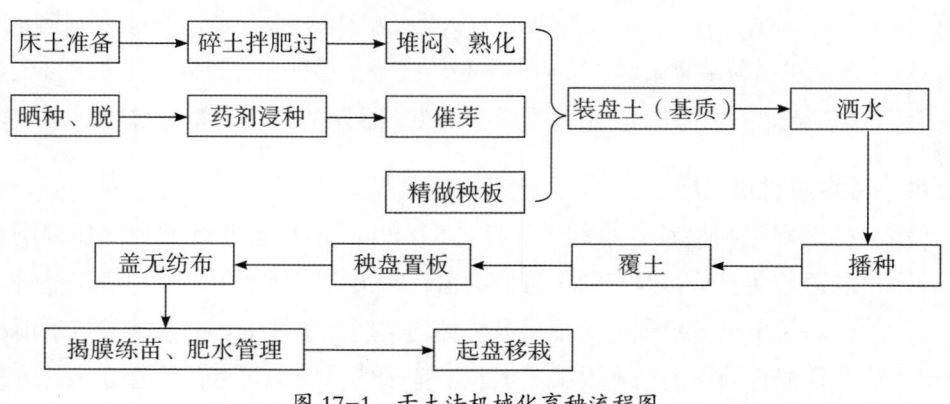

图17-1　干土法机械化育秧流程图

干土法机械化播种要点在于床土选择,最适合做床土的土:一是菜园土,二是耕作熟化的旱地土,三是秋耕、冬翻、春耖的稻田土。要特别注意的是,不宜在荒草地及当季喷施过除草剂的稻田里取土。

床土培肥有两种方法:一是集中取土。于冬末夏初,在取土地上匀施肥料,每亩可施人畜粪或腐熟灰杂肥2吨,以及45%氮磷钾三元复合肥70千克,施后连续机械旋耕,深度掌握10厘米左右,而后进行过筛堆闷。过筛后的细土粒径应不大于5毫米,其中2~4毫米粒径达60%以上。堆闷时细土含水量掌握在15%左右,要求达到手捏成团、落地即散。最后用农膜覆盖,促使肥料充分熟化。二是零散取土。过筛后每1米^{3}的细土匀拌45%的氮磷钾三元复合肥70千克,施后连续机械旋耕2~3遍,进行碎土拌肥,旋耕深度掌握10厘米左右。然后进行过筛堆闷。过筛后的细土粒径应不大于5毫米,其中2~4毫米粒径达60%以上。堆闷时细土含水量掌握在15%左右,要求达到手捏成团、落地即散。最后用农膜覆盖,促使肥料充分熟化。

(2)苗期管理

①揭膜炼苗。一般在秧苗栽插前3~5天揭无纺布炼苗。揭无纺布原则:晴天傍晚揭,阴天上午揭;小雨天雨前揭,大雨天雨后揭。如遇低温,可适量推迟揭膜时间。揭膜后灌一次足水,渗透床土,也可喷洒补水。

②科学管水。秧苗三叶期以前,一般灌平沟水,做到以湿为主,达到以水调肥、以水调温、以水调气、以水护苗的目的。正常情况下,保持盘上或床土湿润不发白即可。若晴天中午出现卷叶时要灌水补湿护苗,雨天则要放干秧沟的水。如遇到较强冷空气侵袭,要灌拦腰水保温护苗,回暖后换水保苗,移栽前3~5天控水炼苗。

③及时追施断奶肥。断奶肥的施用要根据床土肥力、秧龄和气温等具体情况而定,一般在一叶一心期(播后7~8天)施用。每亩秧田用腐熟的人粪尿500千克对水1吨,或用尿素5.0~7.0千克,对水500千克,于傍晚秧苗叶露水时浇施。

④搞好病虫防治。秧田期病虫主要有立枯病、稻蓟马、稻飞虱、螟虫等,应及时对症用药防治。对黑条矮缩病、稻条纹叶枯病发生区,务必做好飞虱的防治工作。防治方法:可在一叶一心期亩秧田用吡虫啉有效成分2克加80千克水喷施。另外,春茬育秧期气温低,温差大,易遭受立枯病的侵袭,齐苗揭膜后,每亩秧田可用敌磺钠1000~1500倍液600~750千克喷施预防。

⑤看苗用好矮化剂。适合机插的秧苗标准是：苗高 12~17 厘米，秧龄 15~20 天，叶龄 3.5~3.8 叶，苗挺叶绿，根部盘结牢固，提起不散。为达到上述指标，在秧苗二叶期时，可根据天气和苗势配合施用矮化剂。如果气温较高，秧苗生长过快，特别是不能适期移栽的秧苗，每亩秧田可用 15% 多效唑可湿性粉剂 120~150 克，按 1:2000 比例对水喷雾，以延缓植株生长速度，增加秧苗的干物质含量。切忌用量过大，喷雾不匀。

⑥移栽前管理。移栽前主要管理技术如下。

一是施好送嫁肥。具体施肥时间应根据机插进度分批施用，一般在移栽前 3~4 天进行。用肥量及施用方法应视苗色而定：叶色褪淡的脱力苗，亩用尿素 4~4.15 千克，对水 200 千克，于傍晚均匀喷洒或泼浇，施后洒一次清水，以防肥烧苗；叶色正常、叶型挺拔而不下披，亩用尿素 1~1.5 千克，对水 60~70 千克进行根外喷施；叶色浓绿且叶片下披，切勿施肥，应采取控水措施来提高苗质。

二是适时控水炼苗。栽前通过控水，促进秧苗壮健，增强秧苗抗逆性。一般春茬秧在移栽前 5 天控水炼苗，烟后秧控苗时间宜在栽前 3 天进行。晴天保持半沟水，若中午秧苗卷叶可采取洒水补湿；阴雨天气应排干秧沟积水，特别是在起秧栽插前，雨前要盖膜遮雨，以防盘土含水率过高而影响起秧和栽插。

三是带药移栽。机插秧苗小，个体较嫩，易受虫害，在栽前 1~2 天应用广谱防虫药剂进行喷雾防治；在条纹叶枯病发生区，防治时应亩加 10% 吡虫啉乳油 15 毫升，控制灰飞虱的带毒传播危害。

四是起运移栽。有条件的地方可随盘平放运往大田田头。也可以起盘后小心卷起盘内秧块，叠放于运秧车，堆放层数一般以 2~3 层为宜。

（二）杂交水稻制种母本机械化插秧

1. 大田耕整与基肥施用

一般机插秧因机械原因对大田土壤沉实度和平整度有较高要求，要求田面平坦、整齐，落差小于 3 厘米、表土松软适当、田面无杂物。大田耕整平地完成后，将田中的水全部排干，晒 1~2 天后再重新灌水插秧。对于先插父本的组合，可以在父本插秧完成后停止向田中灌水，让田中水层通过蒸发和渗漏自然落干 2 天后再灌水，达到排水晒田效果。为防止排水晒田过程中造成肥料流失，基肥施用应改在晒田复水后、插秧前施用。由于独轮行走秧船式插秧机的秧船会在插秧过程中将大田土壤重新整平，因而在插秧前施用基肥的效果与一般大田在耕耙地完成后、平地之前施用相同。

2. 移栽规格

按制种生产习惯调节株行距，具体规格可依据母本特性及当地习惯进行调节。父本行间距依据使用的高速插秧机型号来定，如父母本插秧时间相差较大，可按手插秧方式将父本全部插完，插母本时让插秧机直接压过调头地段已插父本秧苗，母本插秧完成后再将被压倒的父本秧苗扶正。

3. 大田管理

（1）栽后补苗

目前标准化机械化育插秧已能做到将缺苗率控制在 10% 以内，考虑到杂交水稻制种生产特性及父母本插期，在转弯掉头处易出现小面积缺苗现象，移栽后应及时补苗，确保足苗，保证后期产量。

（2）水肥管理

母本机械化插秧因机械刚性移栽，其移栽秧苗秧龄期短，属幼苗移栽，前期水管应以湿润管理为主，避免水深浮苗现象；移栽后 1～2 天如果遇到降水天气，应注意排水；移栽后 2～7 天实施间歇式浅水灌溉方式，促进秧苗根系扎土。杂交水稻制种母本机械化插秧母本前期生长旺盛，应确保肥力：长至 5.5～6.0 叶时，每亩用 45% 氮磷钾三元复合肥 25 千克加尿素 5 千克作分蘖肥；进入幼穗分化后，根据苗情、亲本特性、土壤保肥能力酌情补施；后期一般不施肥，以免贪青倒伏。其他水肥管理措施参照杂交水稻制种大田管理措施。

（3）杂草防除

制种田母本机插秧由于前期秧苗长势小、父母本插期等因素，造成本田封行晚，易生杂草。制种田的主要杂草为稗草、牛毛毡、鸭跖草、千金子等。对此，必须采取化学防除为主、生态防除相结合的对策，具体措施如下。

①在移栽前 15 天对制种田进行翻沤，并视杂草情况，施用 1 次除草剂，尽量减少杂草基数。

②大田化学除草宜在母本返青复水后，可用大田除草剂拌追肥施用。如遇千金子为害严重的田块，可用除草剂千金喷杀，效果很好。

（4）病虫害综合防治

杂交水稻制种田与其他稻作生产田一样可能发生稻瘟病、纹枯病及二化螟、稻纵卷叶螟和稻飞虱等病虫害，其中稻粒黑粉病是制种生产过程中最主要病害之一。应加强各种病虫害预测预报，做好综合防治工作。

十八、水稻主要病虫害防治技术

水稻病虫害种类繁多，造成水稻明显减产的病虫害主要有10余种，常发性重要病害有稻瘟病、稻纹枯病、稻曲病、稻白叶枯病、稻细菌性条斑病、稻粒黑粉病，常发性重要虫害有稻纵卷叶螟、稻飞虱、二化螟。此外一些病虫害，如水稻病毒病、水稻霜霉病、水稻细菌性基腐病、水稻根结线虫病、稻瘿蚊、稻秆蝇、黏虫、稻蓟马、稻象甲会在局部区域偶发或突发，也可能造成严重损失。田间水稻病虫害的发生会随着品种差异、耕作制度变革、收割方式等改变而呈现年度动态性演变或突发性的特点。为确保水稻优质、高效、安全生产，要加强水稻病虫种类识别、田间发生消长规律知识的掌握，以有利于因地制宜地制订高效的综合治理措施。

（一）水稻病害

1. 稻瘟病

稻瘟病是水稻最重要的病害之一，各个稻区均有发生，尤以日照少、雾露持续时间长的山区和丘陵地区发生较为严重。稻瘟病发生一般可致减产10%～20%，重的达40%～50%，甚至绝收。

（1）症状

水稻各生育期和稻株部位均可发病，主要有叶瘟、节瘟、穗颈瘟。

①叶瘟。主要发生于水稻苗期和分蘖期，因气候条件和品种抗病性不同，其症状分为慢性型、急性型、白点型和褐点型。

慢性型病斑为叶瘟最常见的症状，"三部一线"是其典型病斑的识别要点。病斑呈梭形或纺锤形，外层中毒部呈淡黄色晕圈、内层坏死部呈褐色、中心崩溃部呈灰白色，病斑两端有向外延伸的褐色坏死线。潮湿时在叶背形成灰绿色霉层（图18-1）。

急性型病斑发生于高感品种、适温高湿气候及高氮肥稻田。病斑呈暗绿色水渍状,近圆形或不规则形,叶片两面都产生大量灰色霉层。这类型的病斑多发生于流行盛期,条件不适应发病时转变为慢性型病斑。

白点型和褐点型病斑仅发生于抗病品种和不利发病的环境条件下。白点型病斑是嫩叶发病后,产生白色近圆形小斑,不产生孢子,气候条件有利其扩展时可转为急性型病斑。褐点型病斑多出现在高抗品种或老叶上,在叶脉间产生针尖大小的褐点,较少产孢。叶片的叶耳、叶舌、叶环也可发病,统称为叶枕瘟。

②节瘟。发生于水稻拔节后至抽穗期,穗以下的第1、2节位。初在稻节上产生褐色小点,后渐绕节扩展。病斑环绕节部,黑褐色,后期病节干缩凹陷,病节以上的茎、叶和穗部分早枯(图18-2)。

图18-1 慢性型叶瘟症状

③穗颈瘟。发生于抽穗至灌浆期的水稻穗颈部。在穗颈节初形成褐色小点,扩展后使穗颈部变褐,发病早的稻穗形成白穗,发病迟的穗颈倒折、瘪粒增加、粒重降低,影响米质(图18-3)。穗轴、枝梗和谷粒、护颖也可发病,分别称为枝梗瘟和谷粒瘟。

图18-2 节瘟症状　　图18-3 穗颈瘟症状

（2）病原

无性态为稻梨孢（*Pyricularia oryae*），分生孢子梗不分枝，基部稍膨大，顶端屈膝状。分生孢子顶生，无色，洋梨形或短倒棍棒形，1～3个隔膜（图18-4）。病菌易变异，分化出多个生理小种，生产上常因生理小种变化导致水稻品种抗病性丧失而造成损失。

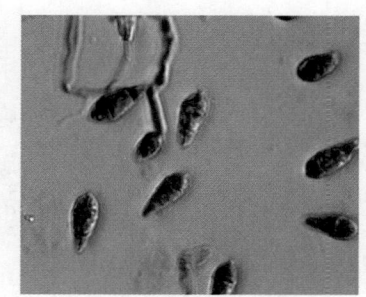

图18-4　稻梨孢分生孢子

（3）发生规律

病菌以分生孢子和菌丝体主要在稻草、稻谷上越冬，翌年产生分生孢子借风雨传播到稻株上。病菌萌发侵入寄主后向邻近细胞扩展发病，形成中心病株。病部形成的分生孢子，借风雨传播进行再侵染。

影响病害发生流行的主要因素有气候、品种抗病性、生育期和栽培管理。

①气候。与温度、降雨和空气湿度关系最为密切。气温20～28℃、空气相对湿度90%以上甚至饱和时，有利于稻瘟病大发生。湿度的大小与阴雨有密切关系，阴雨天多、雾多露浓、日照少，有利于孢子的形成、萌发、侵入，潜育期短，并且降低了稻株的抗病性。福建稻区早稻育秧后期和本田分蘖盛期，阴雨天多、雾、露大，日照少，叶瘟常发生流行。抽穗期适遇雨量充沛，温度25～30℃，穗瘟发生严重；温度超过32℃以上，发病受到抑制。

②水稻品种与生育期。水稻不同品种间抗性有明显差异，籼型品种一般优于粳型品种。同一品种在不同生育期抗性表现也不同，秧苗4叶期、分蘖期和抽穗期易感病，圆秆期发病轻。同一器官或组织，在其幼嫩期发病较重；穗期以始穗时抗病性弱。

③栽培管理。施肥和灌水对病害影响大。偏施氮肥往往造成植株贪青徒长；长期深灌或冷水灌溉，导致抗病力弱而致发病重。

（4）防治措施

防治稻瘟病，应坚持"采用健身栽培为主、合理利用品种抗性、精准药剂防治"的综合防治策略。

①健身免疫栽培。主要技术要点如下。

一是种子消毒，清除菌源。稻谷种子用清水预浸12小时，捞起搁干水分后，再用40%三氯异氰尿酸可湿性粉剂300～500倍液浸种消毒24小时，然后用清水冲洗干净即可催芽播种。三氯异氰尿酸能消灭或减少种子上携带的稻白叶枯病病原菌、细菌性条斑病病原菌、恶苗病病原菌、稻曲病病原菌、粒黑粉病病原菌等。

二是测土配方施肥。采用测土配方施肥技术，对稻田施肥进行分类指导，注意氮、磷、钾三要素的配合施用，以及有机肥与化肥配合使用，适当施用含硅酸的肥料，做到施足基肥，早施追肥，中后期看苗、看天、看田巧施肥。

三是适时烤田或搁田，可以降低水稻无效分蘖，促进根系生长，强壮稻株茎叶，提高水稻抗病能力。

②避病栽培。鉴于目前优质稻主导品种对稻瘟病缺乏高抗品种，应在时间方面采取避病免疫栽培。一是根据不同品种的生育期和生长特点，结合当地历年的气候条件安排好播插期，抽穗期要避开连续3天20℃低温或阴雨天气；二是在山区优质稻区要适当提早播种期，避过后期的低温。

③稻田微生态调控。在单季栽培的优质稻区，推广烟—稻、烟—稻—菜、菜—稻等种植模式，通过优化种植模式改善稻田微生态，调节稻田地力，减少病害初侵染菌源，提高稻株抗病能力。

④合理利用品种抗性。因地制宜选用2~3个适合当地种植的抗病、优质、高产的水稻品种，并注意品种间合理搭配与年度间轮换种植。

⑤加强预测预报，精准药剂防治。目前福建种植的品种抗病性一般在中等抗性至中等感病水平，通常在一个地区种植多个品种，一般情况下仅局部和个别品种发病，不易大面积流行。因此，药剂防治主要针对个别感病品种，结合温度、湿度（雨日、雨时、雾、露）等因子及生育期进行短期预测预报，进行精准药剂防治。在叶瘟发生初期应及早施药控制发病中心，施药重点应放在预防为害性大的穗颈瘟上，适期为破口抽穗前3~5天、始穗期、齐穗期各施药1次。药剂可选用75%三环唑可湿性粉剂、9%吡唑醚菌酯微囊悬浮剂、75%肟菌·嘧菌脂、21.2%春雷·四氯苯肽可湿性粉剂、40%稻瘟灵乳油、80%乙蒜素、13%春雷·三环、20%稻瘟酰胺悬浮剂，对适量水喷雾，施药必须均匀周到，才能确保防治效果。如遇连续阴雨，要抓紧雨歇时间抢喷。

2. 水稻纹枯病

水稻纹枯病俗称云纹病、花脚秆、烂脚瘟，主要为害水稻叶鞘和叶片，严重时也为害茎秆和穗部，受害轻者可减产5%~10%，重者减产可达50%~70%。

(1) 症状

病害发生于水稻分蘖期至抽穗期，为害叶鞘和叶片。水稻分蘖期为病害始发期，最初在近水面的叶鞘上形成暗绿色、水渍状的椭圆形病斑，病斑逐渐扩大后边缘呈灰褐色、中部呈灰白色（图18-5），数个病斑相互连接后形成云纹状大斑。潮湿条件下病斑上形成白色菌丝团，而后转变为褐色菌核。孕穗至抽穗期发病可造成死孕穗和半包穗（图18-6）。

图18-5　水稻纹枯病叶鞘上的病斑　　　　图18-6　水稻纹枯病导致半包穗

(2) 病原

有性态为瓜亡革菌（*Tha-natephorus cucumeris*），在自然环境下与病害无明显关系。无性态为立枯丝核菌（*Rhizoctonia solani*），无性阶段形成菌丝和菌核（图18-7）。菌核由菌丝体交织纠结而成，初为白色，后变为暗褐色，扁球形、肾形或不规则形。

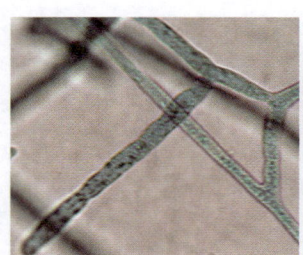

图18-7　立枯丝核菌菌丝和菌核

（3）发生规律

病菌主要以菌核在土壤中越冬，也以菌丝体和菌核在病稻草、田间杂草和其他寄主残体上越冬。翌春灌水时菌核飘浮于水面，插秧后菌核黏附于稻株近水面的叶鞘上，条件适宜时生出菌丝，并侵入叶鞘组织为害，后在叶鞘表面长出气生菌丝，菌丝向茎秆上部或向四周植株扩展进行多次再侵染。

纹枯病的发生与菌源基数、品种抗性、生育期、气候及水肥管理等因素有密切关系。田间菌核越冬基数大，发病重。水稻品种对纹枯病的抗性差异较大，总体而言，糯稻病重，籼稻次之，粳稻较轻；株型紧密、蘖多叶浓、矮秆早熟的水稻较感病。水稻分蘖期田间病害呈水平扩展，株发病率增加；水稻拔节期病情开始激增，抽穗前以叶鞘为害为主，呈垂直扩展；孕穗至抽穗期为发病流行盛期，始穗期前后在合适发病条件下，病情会迅速从下部叶鞘向上扩展到剑叶叶鞘，可造成死孕穗和半包穗。病菌发育和侵染适温为 28~32℃，空气相对湿度 96% 以上。后期高温干燥抑制了病情。因此，高温多湿，密植过度，偏施、迟施氮肥（造成水稻郁闭、徒长），长期深灌，均可引起纹枯病严重发生。

（4）防治措施

坚持"健身栽培为主、药剂防治为辅"的方针，采用以下防治措施。

①科学管水。按照水稻不同生育期对水分的要求，做到"前期浅水促蘖保苗、中期晒田控蘖促根、后期湿润保穗防衰"。特别水稻分蘖后期要注意做好控水烤田，减少无效分蘖，强壮稻株茎秆，增强稻丛间的通风透光，提高稻株抗病能力。

②合理施肥。贯彻"施足基肥、早施追肥、灵活追肥"的原则，重视施用有机肥和平衡施肥。做到前期苗旺，中期蘖壮、根深茎硬、叶挺色淡，后期不贪青，收获时青枝蜡秆。

③合理轮作。提倡合理轮作换茬，可适当推广烟—稻、烟—稻—菜、菜—稻等种植模式，改善稻田微生态，调节稻田地力，以有效消除或降低土壤中残留的菌核。

④适期用药。重病田、老病田、感病品种田应适时用药剂防治。封行期病丛率 5% 和破口期病丛率 10% 的田块，各普遍施药 1 次；抽穗期病丛率达 20% 需再施药 1 次。药剂可选用 3% 井冈霉素水剂、20% 噻呋·己唑醇悬浮剂、10% 己唑醇悬浮剂、32.5% 嘧菌酯·苯醚甲环唑悬浮剂、30% 苯甲·丙环唑乳油等，对

水适量喷雾。

3. 稻曲病

稻曲病在我国20世纪80年代以前为水稻次要病害，但随着杂交水稻的推广种植及施肥水平的提高，发病面积逐年扩大，现已经成为水稻上的重要病害，与稻瘟病、纹枯病并称"水稻新三大病害"。稻曲病的流行发生不仅会对稻米的产量造成严重影响，而且稻曲球中富含的稻曲菌素和稻核黑粉菌两类真菌毒素对人和牲畜都有毒性，严重影响水稻品质。

（1）症状

该病发生于水稻穗部，主要为害稻穗中、下部谷粒。病菌侵染谷粒后在颖壳内的胚外层形成白色的菌丝块，随着菌丝块逐渐膨大，内外颖裂开，露出淡黄色孢子座。孢子座逐渐膨大并包于内外颖两侧，形成黄绿色至墨绿色稻曲孢子球（分生孢子座）（图18-8、图18-9）。早期孢子球表面覆盖一层银灰色薄膜，即病菌的厚垣孢子。发病的稻穗通常每穗上有孢子球1～10粒，多则达30～50粒。稻穗上稻曲孢子球的数量会影响孢子球体积大小：单穗稻曲孢子球数量越少，则稻曲孢子球体积越大。

图18-8 谷粒上的黄色孢子球

图18-9 成熟墨绿色粉末孢子球

（2）病原

病原无性态为稻绿核菌（*Ustilaginoidea virens*）。孢子座中间层的黄色部分常可形成菌核。菌核扁平状或长椭圆形，初期为白色，老熟后变为黑褐色。厚垣孢子产生于孢子座内菌丝的小梗上，球形或椭圆形、具刺、橄榄色（图18-

10),大小为(4~6)微米×(3~5)微米。厚垣孢子萌发产生芽管并分化为分生孢子梗,分生孢子梗的顶端产生数个薄壁分生孢子,分生孢子卵圆形或梨形(图18-11)。

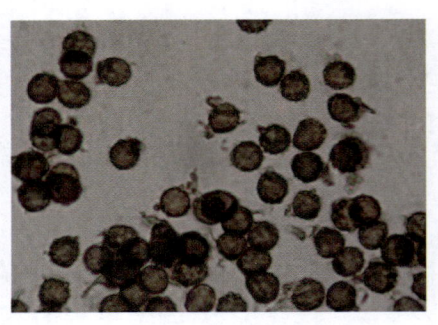
图18-10 厚垣孢子

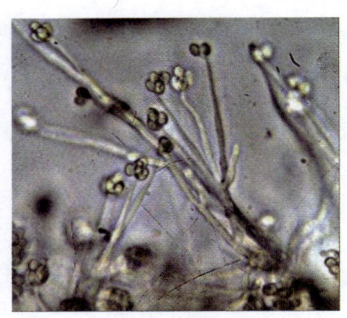
图18-11 分生孢子梗与分生孢子

(3)发生规律

落入土中的菌核或附于种子上的厚垣孢子是次年或下季的主要初侵染源。菌核萌发产生的子囊孢子和由厚垣孢子萌发产生的分生孢子,通过气流传播进行初侵染。水稻孕穗中后期至破口前是稻曲病侵染适期,水稻穗部颖花是主要侵染位点。

稻曲病的发生程度,与水稻品种抗病性、温湿度、栽培管理、菌源量等紧密相关。

①品种感抗性。水稻品种对稻曲病的抗感性差异明显,株型松散、大穗型品种上发生程度总体较重,如甬优系列品种、丰两优1号、中浙优1号都表现感病,发病严重。

②温湿度。稻曲病是典型的气候型病害,中、晚稻的优质稻孕穗期至抽穗期气温期间,如果连续多天低温(24~28℃)、阴雨、高湿度(空气相对湿度85%以上)天气,与病原菌生长条件相吻合,则发病严重。山区雾多、温差大,温湿度条件极有利于病害发生。

③栽培管理水平。以下因素有利于发病:种植密度大、稻田荫蔽度高,田间相对湿度偏大;施用氮肥量过迟过多,导致生育期拉长,无效分蘖增多,田间相对湿度偏大。

④田间菌源量。稻曲病在老病区、重病区的发生程度重于新稻区。

（4）防治措施

稻曲病的防控，应实施"选用抗病品种、强化健身栽培、预防为主、适时适期用药"的绿色防控技术。

①选用抗病品种。对于往年病重田区域，建议不选用目前生产上的感病品种，而采用两优99、两优3773、宜优99、天优3301等优质稻抗病品种。

②药剂浸种，清除菌源。40%三氯异氰尿酸浸种处理（详见稻瘟病），或用43%戊唑醇悬浮剂1500～2000倍液或25%咪鲜胺乳油3500～4000倍液，浸种24小时，再用清水充分洗净后催芽。

③健身栽培，平衡用肥。通过轮作改良土壤及减少病原菌，科学用肥促健康，提高水稻植株的抗病性（详见稻瘟病）。

④加强雨水监测，适时适期用药防治。稻曲病的防控重在预防。水稻孕穗中后期至破口抽穗期的雨水天气直接影响稻曲病的发生程度。若为稻曲病感病品种，在水稻孕穗中后期至破口抽穗期的关键侵染期无降雨，则施药预防1次；若监测到其间有明显降雨，综合考虑药剂的持效期，施药预防2～3次。田间可在其种植的水稻品种15%～20%进入叶枕平时期，选择阴天、晴天喷施第一次药；根据天气情况及品种生育期（对于孕穗中后期至破口期长的品种），第一次药打完后6～9天，可打第二次药，以减少病菌侵染。药剂可选用23%醚菌·氟环唑悬浮剂、15%丙环唑+15%苯醚甲环唑乳油、75%肟菌·戊唑醇水分颗粒剂、12.5%氟环唑悬浮剂、32%苯甲·嘧菌酯SC、80%戊唑醇悬浮剂等，应适当轮换。喷药时注意：选择在早上露水干后施药为宜；足量水、小水量细喷雾，均匀喷洒穗层，特别注意喷洒中下层穗。

4. 稻粒黑粉病

水稻粒黑粉病是杂交稻制种田间最主要病害之一，重病年可减产40%～60%，严重影响水稻制种的产量和种子品质，成为阻碍福建水稻制种产业发展的重要因素。

（1）症状

病害发生于水稻穗部。穗部病粒数一般有4～5粒，多则十数粒甚至数十粒。水稻成熟时才显现症状，病谷色泽暗淡，病谷米粒全部或部分被破坏，常在颖外散出青黑色粉末状物（病原菌的冬孢子）。症状有三种类型。

①谷粒不变色，外颖背线近护颖处开裂，长出赤红色或白色舌状物（病粒的胚及胚乳部分），常黏附散出的黑色粉末（图18-12）。

②谷粒变暗绿色，即青粒型。冬孢子堆生于子房内，颖壳不开裂，籽粒不充实，外表与青粒相似。有的变为焦黄色，手捏有松软感，用水浸泡后病谷粒变黑，可与健粒区分。

图18-12 谷粒黏附黑色粉末

图18-13 谷粒露出黑色角状物

③谷粒不变色，在内外颖间开裂，露出圆锥形黑色角状物（图18-13），破裂后散出黑色粉末，黏附在开裂的部位。

田间3种症状类型均可出现，在杂交水稻制种田则以青粒型居多，该症状难识别，危害方式较隐蔽。谷粒成熟时病粒内可完全被厚垣孢子侵占（图18-14）。

图18-14 谷粒内完全被厚垣孢子侵占

（2）病原

病原菌为狼尾草腥黑粉菌（*Tilletia barclayana*）=齿黑粉菌属（*Neovossia horrida*）。病菌冬孢子近球形，黑褐色，膜厚，表面密生无色或淡色的齿状突起，外围往往有一透明的尾状残余物（图18-15）。冬孢子萌发产生担子，担子顶端轮生指状突起，上生20～60个线形、无色、无隔的担孢子。担孢子萌发成菌丝或产生次生担孢子。

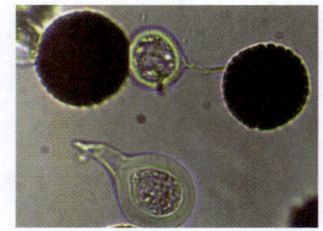
图18-15 冬孢子（厚垣孢子）

当季病谷粒病菌冬孢子（厚垣孢子）不能萌发，须经历后熟、休眠和复苏3个阶段。度过5～6个月休眠期的冬孢子，必须浸水48小时以上才开始复苏，在光照条件下才能萌发，产生担子，上生担孢子。担孢子萌发成菌丝或产生次生担孢子，萌发可持续60天。

（3）发生规律

病菌以冬孢子在土壤表面和种子内越冬。在水稻孕穗期至开花期，残留在水面或湿土面上的冬孢子萌发，产生担孢子或次生担孢子，通过气流传播；或冬孢子萌发产生的次生小孢子在侵入之前附生在水稻和杂草体表，以芽殖方式维持和扩大种群数量，待到水稻扬花期经气流传播进行侵染。侵染部位为柱头、颖花内雄蕊、浆片和雌蕊等器官。在开闭颖后，病菌主要感染柱头的外露部分。病菌侵染时期主要是杂交稻母本孕穗破口开花至花后2~6天。

杂交稻制种田稻粒黑粉病发生严重，其主要原因是：杂交稻不育系大多为感病类型；杂交稻品种的柱头外露率提高、张颖时间延长，有利于该病菌的侵入。

稻粒黑粉病的发生程度与气候、栽培管理、菌源量等紧密相关。

①气候。稻粒黑粉病为高温高湿病害，开花授粉时期的雨量、雨日和空气湿度是影响稻粒黑粉病发生轻重的关键因素。特别是福建省中制（夏制）、晚制（秋制）制种田，其孕穗期破口期至花期，温度为25~35℃，如果出现连续阴雨天气，不仅有利于孢子萌发、侵入，而且使父本花粉量减少，花粉难以飞散，造成母本花期延长，有利于该病发生。福建三明地区制种田多在山区雾多，湿度大，有利病害发生。

②栽培管理。制种田的高标准稻作生产模式，氮肥用量加大，如偏施、迟施氮肥，易引起稻株徒长，增加田间湿度，使抽穗开花期延长，稻株受病菌侵染的机会增多，加重病害。长期深灌或淹水会加重病害的发生。

③田间父本花粉密度与父母本花期整齐度。母本开花张颖时间的长短与接受外来花粉的数量密切相关，如一开花就接受到父本的花粉，闭颖就快，接受病菌侵染的机会大大减少；如花期相遇不理想，父本开花不整齐，花粉不足，人工赶花辅助授粉的时间拉长，母本张颖时间拉长，则大大增加了病菌感染侵入的机会。

④赤霉属使用。为解决稻穗包颈、花期不遇问题，生产中大量使用赤霉属，延长了不育系张颖时间，扩大张颖角度，极易被病菌侵入感染。

⑤越冬菌源数量：病菌在土壤中越冬。种植时间越长，田间土壤越冬菌源数量积累越多。

（4）防治措施

稻粒黑粉病的防控，应采取"减少初侵染源、强化健身栽培、预防为主、适时适期科学用药"的绿色防控技术。

①减少初侵染源。严格种子处理，先用动力式精选机选种，去除大部分的黑粉病粒，再用7%的盐水选种，汰除瘪谷和不饱满谷粒。稻种用40%三氯异氰尿酸消毒处理（详见稻瘟病）。最好采取水旱轮作，减少土壤中菌量的积累，改善稻田生态，调节地力。

②强化健身栽培。制种基地尽可能选择阳光充足、风力较好、晨雾易于早收的田块；合理密植，增加通风透光，因地制宜，根据当地不同类型的稻田和肥力水平，控制母本群体规模，改善田间小气候；加强水分管理，遵循前重中控的施肥原则，抑制无效分蘖，增加通风透光度，保持群体中下穗层通风透光性好，降低穗层湿度，提高水稻植株的抗病性。

③合理安排播插期。根据当地雨季情况，因地制宜地选择插秧期，尽量避免花期生育期与阴雨的天气，如早繁早制要安排在5月底6月初"梅雨"季节过后抽穗扬花相遇；单季中制，要安排在7月底8月初秋高气爽时拉花，避开"秋淋雨"。

④合理规划父母本穗比播差期。根据各品种组合的特性，规划合理的父母本穗比，合理正确安排父母本播差期，促使父母本花期相遇，缩短母本感病期。

⑤适时适量喷施赤霉素。因地因时，根据不育系对赤霉素的敏感程度和反应快慢，适时适量喷施赤霉素，同时使穗层达到理想高度，减少包颈穗，降低穗层湿度，有利于减少稻粒黑粉病。

⑥适时适期用药防治。稻粒黑粉病的防控重在预防。杂交稻母本从孕穗破口开花至花后2~6天为最主要侵染期。该时期的雨水天气直接影响病害的发生程度。抓住破口抽穗前3~7天（可根据制种田1/2水稻进入叶枕平来判断）和破口抽穗始期防控最为关键，严重时齐穗期再喷一次药。目前用于防控稻粒黑粉病的有效药剂主要有23%醚菌·氟环唑悬浮剂（50~60毫升/亩）、32.5%苯甲~嘧菌酯悬浮剂（40毫升/亩）、苯甲·丙环唑EB乳油（20~25毫升/亩）等。选择在早上露水干后施药为宜；足量水、小水量细喷雾，均匀喷洒穗层，特别注意对中下层穗的防治。扬花期施药一般在上午10：00之前，或下午15：00之后喷施，不要在父母本扬花时喷药。

5. 水稻白叶枯病

水稻白叶枯病是我国南方稻区的重要病害，近年来，在一些优质稻种植区局部地区发生严重。水稻发病后引起叶片干枯，不实率增加，米质松脆，千粒重降低。该病造成水稻产量损失一般为10%～20%，严重的减产50%～60%。

（1）症状

水稻各生育期均可感染，通常在抽穗前后盛发。症状因病菌侵入部位、品种抗病性、环境条件有较大差异，主要有普通型和急性型两种类型。

①普通型叶枯。也称慢性型或叶缘型叶枯。病菌从叶尖和叶缘的水孔侵入细胞组织，初期呈现暗绿色水渍状斑点，病斑从叶尖向下沿叶脉或中脉发展成条斑，或沿叶缘向下和向内延伸，病斑相互愈合形成大面积叶组织长条状斑枯死，枯死斑呈灰白色（多见于籼稻）或黄白色（多见于粳稻），可延伸至叶片基部和扩展到整个叶片（图18-16）。发病部与健康部界限明显，有黄色晕带（图18-17）。空气湿度高，特别在雨后、傍晚或清晨有露水时，病叶上有蜜黄色的珠状菌脓溢出，干燥后变硬形成菌块。

图18-16 田间白叶枯症状

图18-17 稻叶白叶枯症状

②急性型叶枯。又称青枯型叶枯。在环境条件极有利发病和品种高度感病情况下发生。急性型叶枯通常是稻茎基部或根部受伤而染病，叶片呈现失水青枯，没有明显的病斑。病部青灰色或绿色，叶片向内卷曲。

（2）病原

病原菌为水稻黄单胞菌水稻致病变种（*Xanthomonas oryzae* pv. *oryzae*），菌体短杆状，两端钝圆，大小为（1～2）微米×（0.5～0.8）微米，极生单鞭毛，革兰染色阴性。

（3）发生规律

病菌主要在病种子、稻草、稻桩、再生稻及一些杂草上越冬，次年主要通过流水、风雨传播，从水稻的水孔或伤口处侵染发病。带菌种子可以通过种子调运实现病害的远距离传播。高温高湿、台风暴雨是病害流行的条件。适宜病害发生的温度为25～30℃，气温的高低主要影响潜育期的长短。台风、暴雨或洪涝造成叶片大量伤口，有利病菌的侵入和传播，更易引起病害暴发流行。

水稻品种间有明显的抗病性差异。籼稻抗病性最弱，粳稻较强，糯稻最抗病。籼稻各品种间抗性也有明显差异。不耐肥品种重于耐肥品种。氮肥施用过多或过迟，深水灌溉或稻株受水淹，有利病害发生。水稻在幼穗分化期和孕穗期易感病。

（4）防治措施

①选用抗病品种。防治白叶枯病最经济有效的途径。经田间抗性观察，金两优76、金两优636、63两优78、63两优196、特优航2号、天优673等优质稻品种对水稻白叶枯病都表现较好的抗性。

②控制初侵染菌源。建立无病种子繁育田，不从病田留种，不从病区调种。播种前水稻种子可用40%三氯异氰尿酸可湿性粉剂浸种消毒（详见稻瘟病）。

③健身栽培，提高稻株抗病能力。搞好秧田管理，培育无病秧苗。加强水分管理，做到"前期浅水，中期晒田，后期湿润"。防止偏施氮肥，适当增施磷、钾肥。

④加强病害测报，药剂防治。对感病水稻品种或在有利发病的气候条件下，加强田间巡视，发病初期及时施药预防。药剂选用20%噻菌铜悬浮剂、20%噻唑锌悬浮剂、50%氯溴异氰尿酸可湿粉、20%噻枯唑可湿性粉剂、2%春雷霉素水剂，按要求对水细喷雾，隔5～7天防治1次，连防2～3次。

6. 水稻细菌性条斑病

水稻细菌性条斑病，简称水稻细条病。在我国主要分布于南方稻区，在优质稻上广泛发生且为害严重，属于检疫性细菌病害，具有一定流行性和暴发性。水稻发病后，一般秕粒增多，危害严重则影响抽穗灌浆，造成重大损失，一般减产15%～25%，严重时可达40%～60%。

（1）症状

病菌从叶片气孔侵染，也可经伤口侵入，不能从水孔侵入。病斑主要出现在叶片中上部叶脉之间，初为暗绿色水浸状小斑，很快在叶脉间扩展为暗绿至黄褐色的细条斑（图18-18）。病斑上常溢出大量串珠状黄色菌脓，干后呈胶状小粒（图18-19）。发病严重时大量条斑相互愈合形成不规则黄褐色至枯白色大斑。病情严重时叶片枯黄卷曲，田间呈现一片黄白色（图18-20）。病斑受叶脉限制，不能横向扩展，呈细条形和半透明状，这可以作为诊断依据。

图18-18 水稻细条病病叶

图18-19 水稻细条病病叶上菌脓

图18-20 田间水稻细条病症状

（2）病原

水稻黄单胞菌稻生致病变种（*Xanthomonas oryzae* pv.*oryzicola*），菌体单生，短杆状，大小（1～2）微米×（0.3～0.5）微米，单鞭毛、极生，革兰染色阴性，不形成芽孢和荚膜。

（3）发病规律

病菌主要在稻种、稻草、自生稻和再生稻上越冬。病菌可通过种子带菌进行远距离传播。田间病菌随气流传播，从水稻叶片气孔与伤口侵入，在薄壁细胞中增殖。菌脓可借风、雨、露等传播进行再侵染。

水稻细菌性条斑病在菌源存在的前提下，发生与流行主要受气候、品种抗性及栽培管理技术等因素的影响。高温、高湿发病严重，在28℃、空气相对湿度接近饱和时，最适合于病害发展。台风、暴雨或洪涝易引起病害流行。偏施氮肥，深水灌溉会加重发病。粳稻通常较抗病，而籼稻品种大多感病，受害严重。抗病性具有明显差异，两优航2号、宜优673、特优175、特优009、中新优07R07、D优多1、II优3301等品种表现感病。

（4）防治措施

参照水稻白叶枯病防治措施。

7. 南方黑条矮缩病毒病

全世界已确认的水稻病毒病已达16种，其中有9种病毒病在中国有报道发生。水稻病毒病的发生流行具有明显的间歇性、暴发性和地区间的迁移性，往往给水稻生产造成毁灭性损失。近几年在发生比较严重主要是南方水稻黑条矮缩病，水稻锯齿叶矮缩病、水稻矮缩病、水稻黑条矮缩病、水稻条纹叶枯病为局部和零星发生。它们病原种类、主要传毒介体及症状特点见表18-1。

表18-1 几种水稻病毒病比较诊断

病害名称	病原种类	主要传毒介体	症状特点
水稻普通矮缩病	植物呼肠弧病毒属，水稻矮缩病毒（RDV）	黑尾叶蝉	矮化、分蘖增多，叶色浓绿；叶片和叶鞘有虚线状白色条点；有时叶缘有缺刻，叶尖卷曲，无脉肿，穗颈短，包颈穗或半包颈穗
水稻黑条矮缩病	斐济病毒属，水稻黑条矮缩病毒（RBSDV）	灰飞虱	矮化、分蘖增多，叶色浓绿；叶片表面凹凸皱褶，卷曲或无，叶鞘有淡黄色条斑，叶缘偶有缺刻，有白色至黑褐色短条状脉肿；包穗或半包穗，粒少，瘪粒。
南方水稻黑条矮缩病	斐济病毒属，南方黑条矮缩病毒（SRBSDV）	白背飞虱	矮化、分蘖增多，叶色浓绿；叶片表面凹凸皱褶，卷曲或无，叶鞘有淡黄色条斑，叶缘偶有缺刻，有白色至黑褐色短条状脉肿；高节位分枝，有倒生根；包穗或半包穗，粒少，瘪粒。
水稻锯齿叶矮缩病	水稻病毒属，水稻齿矮病毒（RRSV）	灰飞虱	矮化、分蘖正常或稍多，叶色浓绿；叶片和叶鞘有脉肿，叶缘呈锯齿状缺刻，叶尖卷曲，有倒生根和高节位分枝；包穗或半包穗，粒少，瘪粒

续表

病害名称	病原种类	主要传毒介体	症状特点
水稻条纹叶枯病	纤细病毒属，水稻条纹病毒（RSV）	灰飞虱	矮化、分蘖正常或少；叶片有条纹，心叶有断续条斑、捻转，假枯心状，无特殊症状；死孕穗或抽穗不正常

  水稻病毒病的症状大体上分为两种基本类型：一是稻株矮缩（植株矮化，叶片皱缩），绝大部分的水稻病毒病都表现矮缩症状，分蘖增生或减少；二是叶片变色，有叶片浓绿色型、叶色淡绿型、叶片黄化型，有的呈特征性的条纹状、花叶状。

  在田间分布，主要存在分散性（分布不均匀，有发病中心）、系统性（症状全株性、再现性和不可恢复性）、传染性、鲜明性（一般在新叶更鲜明）、特征性（往往具有特征状症状，如脉肿、花叶、条纹、条点等）特点，可与田间生理性病害加以鉴别。

  目前发现的水稻病毒病都是严格的昆虫介体传播，如稻飞虱、叶蝉，尚未发现水稻病毒病有种子传播或机械摩擦传播。因此对传毒介体（特别是迁飞性的稻飞虱）的发生消长规律与水稻易感期的监测，是十分重要的水稻病毒病防控方法。

  水稻病毒病为"水稻癌症"，一旦染病则很难防治，目前尚无有效的化学药剂进行防治。重点采取防控介体、选用抗病品种、强化栽培管理、提高稻株群体抗性、改变耕作制度等综合防控措施。

  这里以水稻上近年来发生严重的南方水稻黑条矮缩病为例，加以介绍。南方水稻黑条矮缩病毒（*Southern rice black～streaked dwarf virus*，SRBSDV）是由我国学者鉴定和命名的新水稻病毒病。2009年该病在我国广东、广西、湖南、江西、海南、浙江、福建、湖北和安徽9个水稻主产省（自治区）发生，发生面积约500万亩。2010年该病害在福建省暴发流行，特别在闽西和闽北水稻产区为害严重。近年来在局部地区时有发生，给水稻生长造成严重影响。

（1）症状

发病稻株矮化，分蘖多，叶色深绿、僵硬（图18-21）；叶面凹凸不平，呈皱褶或卷曲（图18-22），心叶卷曲，叶缘呈缺刻状（图18-23）；茎秆表面形成蜡白色烛泪状瘤突，瘤突后期变为褐黑色（图18-24）；地上节有倒生须根及高节位分枝（图18-25）；发病稻株根系坏死、须根少而短、严重时根系呈黄褐色。水稻后期感病剑叶宽短、扭曲（图18-26）或坏死退化；穗小、不结实，半包穗（图18-27）和死孕穗，易诱发水稻叶鞘腐败病。

图18-21 田间南方水稻黑条矮缩病病株矮化

图18-22 南方水稻黑条矮缩病病叶面呈凹凸不平皱褶状

图18-23 南方水稻黑条矮缩病病株心叶卷曲，叶缘呈缺刻状

图18-24 南方水稻黑条矮缩病病株茎秆表面的瘤突后期变为褐黑色

图18-25 南方水稻黑条矮缩病病株地上节倒生须根及高节位分枝

图18-26 南方水稻黑条矮缩病病株剑叶宽短、扭曲

图18-27 南方水稻黑条矮缩病病株半包穗

（2）病原

斐济病毒属（*Fijivirus*），南方水稻黑条矮缩病毒，传毒介体为白背飞虱。白背飞虱持久传毒，不经卵传毒。

（3）发病规律

南方水稻黑条矮缩病是由白背飞虱带毒虫传毒引起的水稻病毒病。该病毒不能经种子传播，稻株间也不互相传毒。白背飞虱获毒后终身带毒，稻株接毒后潜伏期14～24天。病毒初侵染源以外地迁入的带毒白背飞虱为主，越冬的带毒再生稻苗和杂草也可成为初侵染源。

白背飞虱大发生，虫口密度大、带毒虫率高，可引起病害大发生。水稻各生育期均可感病，秧苗期是最易感病的时期，本田返青至始蘖期也易感病，拔节以后不易感病。水稻苗期、分蘖前期感染发病的基本绝收；拔节期和孕穗期发病，产量损失因侵染时期早迟而异，一般损失率为10%～30%。不同稻作类型发病程度差异明显。中稻和晚稻发病重于早稻；移栽稻发病重于直播稻。优质稻不同品种的抗病性有明显差异。

（4）防治措施

南方水稻黑条矮缩病应采用"治虫防病"的策略。水稻秧田期和本田返青至分蘖始期是防治白背飞虱、控制南方黑条矮缩病的关键时期。

①秧田防虫避毒。清除秧田及田边杂草，减少介体虫源和毒源；防虫网覆盖育秧。即播种后用40目聚乙烯防虫网全程覆盖秧田，阻止稻飞虱迁到秧苗上传毒为害。药液浸种或拌种。用10%吡虫啉可湿性粉剂300～500倍液，浸种12小时，或在种子催芽露白后每千克稻种用10%吡虫啉可湿性粉剂15～20克拌种，待药液充分吸收后播种，减轻稻飞虱在秧田前期的传毒。

②避病栽培。目前最经济有效的措施。推广早中稻和再生稻，科学设计播栽期，提早播栽，使苗期避开第一代白背飞虱传毒高峰期（福建多在5月中旬至6月中旬），可有效防止该病害的发生与危害。

③本田治飞虱防矮化。巧施送嫁药，秧苗移栽前3天酌情喷施预防药剂。水稻移栽后15～20天及时防治稻飞虱。药剂可选用25%吡蚜酮可湿性粉剂（16～24克/亩）、10%吡虫啉可湿性粉剂（40～60克/亩）、25%噻嗪酮可湿性粉剂（50

克/亩），对水30~45千克均匀喷雾。

（4）应急补救。在将秧苗移到大田后20日内，若发病严重（病穴率超过7%），则应及时拔除病株，将健康水稻丛掰分1/2分蘖或将多余储备的秧苗移到至拔除病株后留下的空穴中，适当加施速效肥，促进恢复生长。

（二）水稻虫害

1. 二化螟

水稻螟虫通常是指蛀食稻秆的鳞翅目害虫，有二化螟、大螟和三化螟。20世纪70年代福建省稻区三化螟发生重于二化螟。20世纪80年代后期以来，由于杂交稻品种推广、耕作制度的变革、暖冬少雨、机械化收割造成的高脚稻桩，二化螟发生日益严重，因此二化螟已上升为最主要的螟虫，其发生区域由纯单季稻区或单双混栽区向双季稻区、从高海拔稻区向平原稻区、从闽西北闽东稻区向闽南沿海稻区蔓延。大螟和三化螟总体危害性较小。

（1）形态特征

生活史分为卵、幼虫（通常6龄）、蛹、成虫。

①成虫。体长10~15毫米，翅展雄虫约20毫米、雌虫25~28毫米。头部淡灰褐色，额白色至淡褐色，圆形，顶端尖。胸部和翅基片白色至灰白，略带褐色。前翅黄褐色至暗褐色，中室先端有紫黑斑点，中室下方有3个斑排成斜线。前翅外缘有7个黑点，后翅白色，靠近翅外缘稍带褐色（图18-28）。雌虫体色比雄虫稍淡，前翅黄褐色，后翅白色。

②幼虫。幼虫一般为6龄，老熟幼虫体长20~30毫米。头部及前胸硬皮板黄褐色，胴部淡褐色，背面有5条紫褐色纵线（图18-29）。

③蛹。蛹初为黄褐色，腹部背面有5条

图18-28 二化螟成虫

棕色纵线；以后蛹变为红褐色，纵线渐消失（图18-30）。

④卵。卵扁椭圆形，初产时乳白色，渐变黄褐色，近孵化时为紫黑色。卵块多为长带状，卵粒呈鱼鳞状排列，上盖透明胶质物（图18-31）。

图18-29　二化螟幼虫　　　　图18-30　二化螟蛹　　　　图18-31　二化螟卵块

（2）为害状

二化螟以幼虫蛀食水稻叶鞘和茎秆。水稻分蘖期受害出现枯心苗和枯鞘。幼虫先群集在叶鞘内侧蛀食为害，叶鞘外面出现水渍状黄斑，后叶鞘枯黄，叶片渐枯（图18-32）。幼虫在稻株间转移为害形成枯鞘团。幼虫蛀入稻丛基部茎秆后导致心叶枯黄而死，形成枯心（图18-33）。受害茎上有蛀孔（图18-34），孔外虫粪很少，茎内虫粪多。田间枯心团中的稻株大多数心叶死亡后形成"塌圈"。孕穗期和抽穗期幼虫蛀食穗茎，出现枯孕穗和白穗（图18-35）；灌浆至乳熟期形成半枯穗和虫伤株。

图18-32　二化螟初孵幼虫为害，造成枯鞘

图 18-33 二化螟初孵幼虫为害，造成枯心　　图 18-34 二化螟初孵幼虫为害孔　　图 18-35 二化螟初孵幼虫造成白穗

（3）发生规律

福建1年3～5代。幼虫通常为6龄，以4龄以上幼虫在稻桩、稻草、茭白、玉米等根茬或茎秆中越冬。翌年土温高于7℃时稻桩内的幼虫开始爬出稻桩，钻进蚕豆、油菜等冬季作物的茎秆中。春季，老熟幼虫可爬出为害油菜、蚕豆等茎秆，土温上升到10～15℃进入转移盛期，幼虫继续转移到冬季作物茎秆中取食内壁，直至化蛹羽化。由于越冬场所不同，化蛹羽化时间不一致，常形成多次蛾峰。成虫有趋光性，喜欢在叶宽、秆粗及生长嫩绿的稻田里产卵，雌蛾把卵产在幼苗叶片上，多产在叶片正面离叶尖3～7厘米处，圆秆拔节后多产在离水面7～10厘米的叶鞘上。

第一代幼虫在4月下旬至5月上旬为害早稻，初孵幼虫先侵入叶鞘集中为害，造成枯鞘，到2～3龄后蛀入茎秆，造成枯心，白穗和虫伤株。初孵幼虫，在苗期水稻上一般分散或几条幼虫集中为害；在大的稻株上，一般先集中为害，数十至百余条幼虫集中在一稻株叶鞘内，蚁螟先群集在水稻叶鞘内侧为害，造成"枯鞘"，这是早期为害的重要标志。至3龄幼虫后才转株为害，造成枯心或白穗。老熟后，在稻茎基部或茎与叶鞘之间化蛹。第二代在7月下旬至8月下旬为害中稻、单季晚稻，造成枯鞘、枯心苗；为害迟早稻，造成虫伤株。第三代于9～10月为害晚稻。

二化螟幼虫生活力强,食性广,耐干旱、潮湿和低温等恶劣环境,故越冬死亡率低。幼虫抗高温能力弱,30℃以上对其发育不利,35℃以上卵不能孵化,幼虫多死亡。二化螟的寄主作物种类多。茭白较多的地方,有利于其繁殖为害。杂交稻田发生量大。天敌对二化螟的自然控制能力较强,已知的寄生蜂有29种,一般寄生率达40%以上;二化螟的天敌还有寄生蝇、寄生菌、线虫以及捕食性天敌,共同对其起抑制作用。

(4)防治措施

对二化螟应采取"防""避""治"相结合的防治策略。以农业防治为基础,在掌握害虫发生期、发生量和危害程度的基础上,合理使用化学农药。

①作物合理布局。优质稻田不要与茭白、甘蔗等作物插花种植。避免单、双季稻混栽。普及推广在田埂上种植香根草等诱集作物,诱集二化螟雌蛾在其植株上集中产卵,而幼虫在香根草上无法完成生活史,从而实现对二化螟的诱杀;种植大豆、芝麻等显花作物,蓄养害虫天敌,以控制二化螟。

②灯光诱蛾灭虫与昆虫性信息素诱捕。用频振式诱虫灯诱杀螟蛾成虫,减少卵量;利用性信息素诱集迷向,干扰交配。

③农业防治措施。机械低位割稻,不留高桩;提早春耕溶田灌深水灭蛹,降低虫源基数及时处理稻草;采取烟—稻、稻—菜等轮作措施;加强水肥管理,避免过量施用氮肥。

④释放稻螟赤眼蜂。调查田间二化螟成虫和蛹的数量,适时挂蜂卡,确定稻螟赤眼蜂释放量和次数。

⑤适期药剂防治。采用"打一代,控二代,挑三代"的防治策略。第一代以防治双季早稻和再生稻头季的枯鞘团和枯心团为主;第二代重点防治双季早稻白穗、中、晚稻枯鞘枯心为主;第三代挑治中、晚稻白穗和双季晚稻枯鞘和枯心。"防虫不见成虫、防在卵孵化高峰",早、晚稻分蘖期和晚稻孕穗、抽穗期,在螟卵孵化高峰后5~6天内(2龄幼虫前)施药。早稻枯鞘丛率5%以上,晚稻每亩枯鞘团达100个以上时应及时药剂防治。药剂可选用氯虫苯甲酰胺、甲维盐+氟铃脲类、阿维菌素+虱螨脲、阿维氟酰胺、阿维菌素、苏芸金杆菌、多角体病毒杀虫剂。药剂轮换使用,防止产生抗药性。按说明书对水喷雾。

2. 三化螟

（1）形态特征

①成虫。雌蛾体长10~13毫米，翅展23~28毫米，虫体黄白色至淡黄色。前翅淡黄色，中室下角有1个明显的小黑点（图18-36）。雄蛾体长8~9毫米，翅展18~22毫米，前翅中央有1个小黑点，自翅尖至内缘中央有1条暗色斜带，外缘有9个小黑点。

②幼虫。幼虫4~5龄。初孵时灰黑色，胸腹部交接处有一白色环。老熟时长14~21毫米，头淡黄褐色，身体淡黄绿色或黄白色，3龄起背中线清晰可见。腹足较退化。

③蛹。蛹黄绿色，羽化前金黄色（雌）或银灰色（雄），雄蛹后足伸达第七腹节或稍超过，雌蛹后足伸达第六腹节。

图18-36 三化螟雌成虫

④卵。卵长椭圆形，密集成块，每块几十至一百多粒，卵块上覆盖着褐色绒毛（图18-37）。

（2）为害状

幼虫钻入稻茎蛀食为害，在寄主分蘖时出现枯心苗，孕穗期、抽穗期形成枯孕穗或白穗。受害稻株蛀入孔小，孔外无虫粪，茎内有白色细粒虫粪。

（3）发生规律

三化螟以水稻为主要寄主，福建省年发生4代。以老熟幼虫在稻茬内越冬。翌春气温高于16℃，越冬幼虫陆续化蛹、羽化。成虫白天潜伏在稻株下部，黄昏后飞出活动，有趋光性。羽化后1~2天即交尾，成虫有趋绿性，把卵产在稻叶中上部的叶面或叶背，每雌产2~3个卵块。分蘖盛期和孕穗末期产卵较多，拔节期、齐穗期、灌浆期较少。初孵蚁螟爬至叶尖后吐丝下垂，随风飘荡到邻近的稻株上，在距水面2厘米左右的稻茎下部蛀食叶鞘，而后蛀食稻茎形成枯心苗。在孕穗期至抽穗期，蚁螟在包裹稻穗的叶鞘上咬孔或从叶鞘破口处侵入蛀害稻花，经4~5天，幼虫达到2龄，稻穗已抽出，开始转移到穗颈处咬孔向下蛀入。再经3~5天，

图18-37 三化螟卵块

幼虫将茎节蛀穿或把稻穗咬断,形成白穗(图18-38)。

生产上单、双季稻混栽或中稻与一季稻混栽时,三化螟为害严重。栽培上基肥充足,追肥及时,稻株生长健壮,抽穗迅速整齐的稻田受害轻;反之为害严重。

(4)防治措施

福建省目前水稻田间以二化螟为主,三化螟的防控可结合二化螟的防控措施开展以农业防治为基础的类似防控工作,选用药剂和施药方法可参考二化螟防治措施。

图18-38　三化螟幼虫为害,造成白穗

3. 稻纵卷叶螟

(1)形态特征

①成虫。成虫长7~9毫米,淡黄褐色,前翅有两条褐色横线,两线间有一条短线,外缘有暗褐色宽带;后翅有两条横线,外缘亦有宽带(图18-39)。雄蛾前翅前缘中部有闪光而凹陷的"眼点",雌蛾前翅则无"眼点"。

②幼虫。幼虫老熟时长14~19毫米,低龄幼虫绿色(图18-40),后转黄绿色,成熟幼虫橘红色(图18-41)。

③蛹。蛹长7~10毫米,初黄色,后转褐色,长圆筒形(图18-42)。

图18-39　稻纵卷叶螟雌成虫

④卵。卵长约1毫米,椭圆形,扁平而中间稍隆起。初产白色透明,近孵化时淡黄色,被寄生卵为黑色。一般单粒散产,也有多粒产,排列成单行或双行(图18-43)。

图18-40　稻纵卷叶螟低龄幼虫　　图18-41　稻纵卷叶螟老龄幼虫　　图18-42　稻纵卷叶螟蛹　　图18-43　稻纵卷叶螟卵块

（2）为害状

主要为害水稻、大麦、小麦、甘蔗、芦苇等。初孵幼虫取食心叶，出现针头状小点；也有先在叶鞘内为害，随着虫龄增大，吐丝缀稻叶两边叶缘（图18-44），纵卷叶片成圆筒状虫包，幼虫藏身其内啃食叶肉，留下表皮呈白色条斑（图18-45）。严重时造成"虫包累累，白叶满田"。分蘖期至拔节期受害，影响稻株正常生长，分蘖减少，植株缩短，生育期推迟；孕穗后，特别是抽穗到齐穗期剑叶被害，影响开花结实，空壳率提高，千粒重下降，产量损失严重。

图18-44　稻纵卷叶螟吐丝缀稻叶　　　　图18-45　稻纵卷叶螟为害叶片

（3）发生规律

稻纵卷叶螟是水稻重要的"两迁性"害虫之一，每年春季，成虫随季风由南向北迁飞，一般是从华南稻区向北迁飞至华中稻区，再从东北迁飞至华东稻区，或从西北迁飞至北方稻区。秋季则随季风由北向南迁飞。降雨对稻纵卷叶螟蛾群迁飞与降落有重要影响，迁入蛾群的降落通常伴随降雨过程。迁入期的雨日和雨量对迁入的蛾量及和迁入代发生轻重关系密切。成虫盛发期遇适合的温度发生严重，高湿、多雨日、雨量大是稻纵卷叶螟大发生的预兆。

成虫有趋光性，栖息趋荫蔽性和产卵趋嫩趋绿性。水稻孕穗期叶片较浓绿，产卵量大。阔叶水稻品种和氮肥用量大叶色浓绿田块受害较重。成虫具有季节性栖境转移和昼夜转移的习性，早、晚稻移栽后至封行前，成虫在杂草或旱地作物中栖息，禾苗长势进入封行阶段，成虫则迁入稻田里，因此水稻分蘖阶段可作为成虫迁入稻田栖息的物候指标。成虫通常在黄昏交配，交配后2～3天产卵，适温高湿产卵量大，一般每雌产卵40～70粒。卵多单产，也有2～5粒产于一起，产卵期4天左右,卵孵化期3~4天。气温22~28℃、空气相对湿度80%以上,卵孵化率可达80%~90%。初孵幼虫大部分钻入心叶为害,2龄后在叶尖附近叶丝卷起,3龄将叶片纵向卷成束腰状,孕穗后期可钻入穗包取食叶片上表皮及叶肉,仅留下表皮形成白色条斑。每头幼虫可为害水稻叶片5~10片,食量随虫龄增加而增大,1~3龄食叶量仅在10%以内,受害严重的田块呈现一片枯。幼虫老熟多数离开老虫包,在稻丛基部黄叶及无效分蘖嫩叶上结茧化蛹。

稻纵卷叶螟在我国各稻区发生世代不一,有世代重叠的现象。福建的优质稻产区稻纵卷叶螟通常发生5~6代,以第4(3)代和第5(4)代为害较严重;第4(3)代幼虫在中稻和单晚优质稻分蘖期为害;第5(4)代幼虫在中稻和单晚优质稻孕穗和抽穗期为害。

(4)防治措施

以农业防治为基础,充分利用生物防治措施,合理使用化学药剂,充分保护和利用天敌。

①提高自然控制能力。稻纵卷叶螟田间天敌多,对田间的天敌资源要予以充分的保护,发挥出天敌的生态控制作用。普及推广在田埂上种植大豆、芝麻等显花作物,蓄养螟虫天敌。

②农业防治措施。加强肥水管理,促使水稻长势健壮,忌偏施氮肥;科学管水,适当调节搁田时间,降低幼虫孵化期田间湿度。

③灯光诱蛾灭虫与昆虫性信息素诱捕。用频振式诱虫灯诱杀螟蛾成虫,减少卵量;利用性信息素诱集迷向,干扰交配。

④释放稻螟赤眼蜂。调查田间成虫和蛹的数量,适时挂蜂卡,确定稻螟赤眼蜂释放量和次数。避免出现前期长势过旺、后期贪青晚熟的现象。

⑤及时做好监测预报工作,适期药剂防治。当百丛叶尖束叶,分蘖期50~60片,孕穗期30~40片时列为防治对象田。利用赶蛾法,查蛾高峰,定下药日期。当田间螟蛾少量出现时,每3天查一次。螟蛾数量突增日期为蛾盛发期,掌握在成虫高峰后7~10天施药,即1~2龄幼虫期用药效果最佳。药剂可选用氯虫苯甲酰胺、甲维盐+氟铃脲类、阿维菌素+虱螨脲、苏云金杆菌、阿维菌素、甲氨基阿维菌素、阿维氟酰胺、多角体病毒杀虫剂,按说明书对水喷雾。注意要轮换用药。

4. 稻飞虱

稻飞虱俗名火蠔虫,常见种类有褐飞虱、白背飞虱和灰飞虱等3种。稻飞虱对水稻的为害除直接刺吸汁液外，产卵也会刺伤植株，破坏输导组织，阻碍营养物质运输。福建优质稻中晚稻秧田和本田前期以白背飞虱为主，后期以褐飞虱为主；中晚稻以褐飞虱为主；灰飞虱为害较轻。白背飞虱和灰飞虱能传播多种水稻病毒。

（1）形态特征

3种稻飞虱的共同特征是体型小，触角短锥状，后足胫节末端有一可动的距，翅透明，常有长翅型和短翅型个体。

①白背飞虱（图18-46）。体色淡黄有黑褐斑。长翅型成虫体长3.8～4.5毫米，短翅型2.5～3.5毫米。头顶稍突出，前胸背板黄白色，中胸背板中央黄白色，两侧黑褐色。卵长椭圆形稍弯曲，卵块排列不整齐。

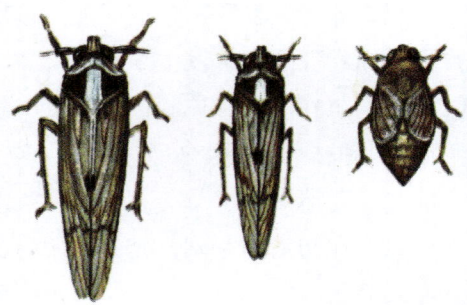

图18-46 白背飞虱（从左至右分别为长翅型雌成虫、长翅型雄成虫、短翅型成虫）（引自《水稻病虫害防治》）

②灰飞虱（图18-47）。灰色至黄褐色，长翅型成虫体长3.5～4毫米，短翅型2.3～2.5毫米。头顶与前胸背板黄色，雄虫中胸背板黑色，雌虫中胸背板中部淡黄色，两侧暗褐色，雄虫中胸背板黑色。短翅型雌虫腹部肥胖，小盾板无长方形斑。卵长椭圆形稍弯曲。

③褐飞虱（图18-48）。长翅型成虫体长3.6～4.8毫米，短翅型2.5～4毫米。深色型的头顶至前胸、中胸背板暗褐色，有3条纵隆起线；浅色型的体黄褐色。卵呈香蕉状，卵块排列不整齐。

  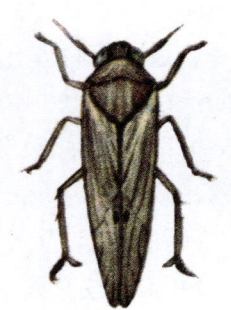  

图18-47 灰飞虱（左为长翅型雌成虫，右为长翅型雄成虫）（引自《水稻病虫害防治》）

图18-48 褐飞虱（从左至右分别为长翅型成虫、短翅型雌虫、短翅型雄虫）（引自《水稻病虫害防治》）

（2）为害状

稻飞虱具有迁飞性、趋嫩绿和好湿趋阴性，病害发生具有隐蔽性、暴发性。稻飞虱成虫和若虫均群集在稻丛下部茎秆上刺吸汁液（图18-49）。卵多产在稻丛下部叶鞘内，有时产于叶片中脉，水稻茎、叶的产卵部位形成褐色产卵痕（图18-50），产卵痕内有稻飞虱卵（图18-51）。植株嫩绿、荫蔽且积水的稻田虫口密度大。一般是先在田中央密集为害，后逐渐扩大蔓延。稻飞虱直接刺吸水稻汁液，使稻株生长受阻；产卵也会刺伤植株，破坏输导组织，妨碍营养物质运输。为害严重时稻丛成团枯萎，甚至死秆倒伏，形成"塌圈"。稻飞虱为害再生稻，会影响水稻的再生能力；再生稻主季"塌圈"的稻丛，再生季不能生长。

图18-49 稻飞虱刺吸汁液

图18-50 稻飞虱产卵痕

图18-51 稻飞虱产卵痕内稻飞虱卵

稻飞虱对水稻的危害性还体现在能传播南方水稻黑条矮缩病、水稻黑条矮缩病、水稻条纹叶枯病、水稻锯齿叶矮缩病等多种水稻病毒病。

（3）发生规律

稻飞虱长翅型成虫可远距离迁飞。福建省褐飞虱、白背飞虱、灰飞虱在南部地区冬季再生稻和落谷苗，或卵在自生苗和杂草上越冬，但主要来自东南亚热带水稻种植区。福建省稻飞虱多发生在每年的5月下旬到6月上旬，随着强对流天气持续迁入。稻飞虱的迁飞属高空被动流迁类型，遇天气影响，会在较大范围内同期发生"突增"或"突减"现象。稻飞虱在福建省1年6~8代，世代重叠，第一高峰往往在6~7月；第二高峰在9月下旬至10月下旬。

3种稻飞虱都喜在水稻上取食、繁殖。褐飞虱能在野生稻上发生，多认为是专食性害虫；白背飞虱和灰飞虱则除为害水稻外，还取食小麦、高粱、玉米等作物。褐飞虱一般是先在田中央密集为害，后逐渐扩大蔓延。水稻孕穗期至开花期有利于短翅型的发生。褐飞虱每雌产卵150~500粒，产卵痕初不明显，后呈褐色条斑。白背飞虱的习性与褐飞虱相近似，但食性较广。长翅型雌成虫可产卵300~400粒，短翅型产卵量比长翅型约高20%。少数产卵于叶片基部中脉内，产卵痕开裂。灰飞虱先集中田边为害，后蔓延田中。越冬代以短翅型为多，其余各代长翅型居多，每雌产卵量100多粒。

稻飞虱的发生与迁入虫量与气候、水稻品种和栽培管理技术、天敌有密切关系：西太平洋副热带高压的强度和活动频率对我国稻飞虱的发生和为害程度有直接影响。化肥量使用过量，特别偏施氮肥，稻株徒长、叶色浓绿和茎秆幼嫩的稻田受害较重，水稻抗虫性逐年衰退，刺激稻飞虱种群数量的增长，易引发稻飞虱的暴发成灾。杂交稻有利飞虱发生为害，目前中国推广的杂交稻组合，大多均感白背飞虱，而取食杂交稻的白背飞虱比取食常规稻的产卵量增加10%~12%，卵孵化率提高40%左右，繁殖率高出30%以上。耕作栽培制度的改革，如多数稻区单、双季稻混栽，保护性耕作栽培（如免耕抛秧）等技术的推广，有利于虫源滋生地的保护。滥用农药，由于杀螟虫用药过早、用药过多，杀伤了越冬或早春的大量天敌（已知150多种），削弱了作物抗害能力，稻飞虱抗药性增强，也是造成稻飞虱暴发的重要原因。

（4）防治措施

根据稻飞虱发生具有隐蔽性、暴发性等特点，生产上要充分利用农业增产措施和自然因子的控害作用，保护和利用天敌。加强虫情调查，掌握适期合理使用高效低毒的化学农药进行防治。

①合理布局，健身栽培。实行连片种植，防止稻飞虱来回迁移，辗转为害。进行合理的密植，通风透光；根据土地肥力，因地制宜地量化施肥，控氮、增钾、补磷，防止水稻贪青徒长，增强水稻对稻飞虱的耐害性；科学用水，适时晒田，降低田间湿度。

②保护利用自然天敌。稻飞虱田间天敌有150种以上，螟虫用药不宜过早且须规范，以免杀伤田间天敌；尽量不使用菊酯类和三唑磷农药；田埂种植大豆来

提供天敌栖息条件。

③化学药剂防治。分蘖期、拔节孕穗期、灌浆期做好飞虱田间调查监测，结合水稻生长发育分析，抓住田间幼虫的繁殖高峰期，开展达标防治。早、中稻第一次若虫高峰期，平均百丛水稻虫口300~600头，以及早、中稻第二次若虫高峰期、晚稻第二次、第三次若虫高峰期，平均百丛水稻虫口800~1500头，均需及时防治。农药可选用三氟苯嘧啶、吡蚜酮、吡蚜酮·烯啶虫胺、毒死蜱、噻嗪·异丙威等。轮换使用，防止产生抗药性。因稻飞虱多集中在稻丛基部为害，应注意尽量对准基部喷药；施药时田间必须保持浅水层，以提高防治效果。

5. 福寿螺

福寿螺又称大瓶螺、苹果螺，是原产于南美洲亚马孙河流域的一种淡水食用螺。我国早期以食用目的引进，但因管理不善，致使福寿螺迅速扩散到田间，成为一种新的危害水稻的有害生物。因其生长快、体型大、繁殖力强、适应性广，已被国家列入"重大危险性农业外来入侵生物"之一。

（1）形态特征

①成螺。福寿螺成螺贝壳短而圆，大且薄，壳右旋，有4~5个螺层，体螺层膨大，螺旋部极小，壳面光滑，多呈黄褐色或深褐色（图18-52）。头部圆筒形，有前、后触手各1对，眼点位于后触手基部，口位于吻的腹面。头部腹面为肉块状的足，足面宽而厚实，能在池壁和植物茎叶上爬行。

②卵。卵呈圆形，直径2毫米，粉红色或者鲜红色，其上具蜡粉状覆盖物。卵块椭圆形，大小不一，几十粒到千粒不等。卵粒排列整齐，不易脱落，色泽鲜艳，十分醒目（图18-53、图18-54），7~10天后变成白色。

图18-52 福寿螺成虫

图18-53 产于水稻茎上的福寿螺卵块

图18-54 福寿螺卵块

（2）为害状

福寿螺危害水稻，食量大。水稻插秧后至晒田前是主要受害期，有时数量众多的螺体群集在水稻根部啃食水稻茎秆，造成少苗缺株或稻株倒伏。常咬剪水稻主蘖及有效分蘖，致使有效穗减少而造成减产。

（3）发生规律

福寿螺繁殖力强，繁殖速度快，为雌雄异体、体内受精、体外发育的卵生动物。5～8月是繁殖盛期，适宜水温为18～30℃。交配通常在水中白天进行，时间长达3～5小时，一次受精可多次产卵。交配后3～5天开始产卵，夜间雌螺爬到离水面15～40厘米的池壁、木桩、水生植物的茎叶上产卵。卵圆形，粉红色，卵径2毫米左右，卵粒相互粘连成块状。产卵结束后，雌螺腹足收回，掉入水中，间隔3～5天后，进行第二次产卵。一年可产卵20～40次，产卵量3万～5万粒，受精卵在空气中孵化需10～15天，仔螺破膜而出，掉入水中。

福寿螺一年发生3代。以幼螺或成螺在稻丛基部或稻田土表下2～3厘米处越冬，也可在田边或灌溉渠、河道中越冬。一代幼螺生长93天开始产卵，卵期9天；孵出二代幼螺历期102天，卵期11天；即孵出三代幼螺，历期74天。三代螺生长至翌年3月底，共189天，仍为幼螺。福寿螺各代重叠发生。

福寿螺喜生活在饵料充足的清洁田水中，多发生于灌溉沟内和群集在田边的浅水区，吸附在水稻茎和叶鞘上，或游离于田间水层。台风、高温和多雨有利福寿螺的生长繁殖和迁移为害。

（4）防治措施

防治福寿螺重点要抓好越冬成螺和第一代成螺产卵盛期前的防治，以压低第二代的发生量，并及时抓好第二代的防治。具体措施是整治和破坏其越冬场所，减少冬后残螺量。还可以人工捕螺摘卵、养鸭食螺为主，辅之药物防治。

①清除越冬螺。福寿螺主要集中在溪河浅水区和水沟低洼积水处越冬。春耕前清理稻田边水沟淤泥和杂草，降低越冬螺的残螺量。在螺害区，于溶田之时鼓励放牧鸭群，让鸭子啄食小螺，可以减少螺口密度。

②拦截传播螺。用金属丝和毛竹编织成拦截网，安放在稻田进水口处，防止福寿螺随沟渠水侵入稻田。

③捕杀入侵螺。对侵入稻田并在稻田内繁殖的福寿螺可采用人工抓捕、人工诱捕和养鸭捕食。可在淹水稻田中插30～100厘米长诱杀秆（木条、油菜秸秆），

每亩插30~80根,引诱福寿螺在秆上集中产卵,每2~3天摘除一次卵块,并予以销毁。水稻移栽后7~10天至水稻孕穗末期,每天早晨和下午放养一次鸭群(每亩15~30只)到稻田和灌溉沟渠中啄食幼螺。

④毒杀稻田螺。对侵入稻田并在稻田内繁殖的福寿螺,还可以采用药剂毒杀。药剂有植物源农药和化学农药。

植物源农药主要是茶麸杀螺。茶麸也称茶枯、茶籽饼,是油茶籽榨油后剩下的渣料。茶籽麸含有破坏福寿螺表面黏膜结构的活性物质,能较快杀死福寿螺,不会损坏土壤结构,无公害,还可有效增加田间肥力。使用时先将茶麸捣碎,用火炒焦后,每亩稻田用茶籽麸或桐子麸10~15千克,拌干细土10~15千克后均匀撒施,重点是福寿螺群集处。

化学除螺防治指标:水稻苗田期每平方米1~2头、田边卵块每平方米1个,分蘖期每平方米3~4头、田边卵块每平方米1~2块。施药可在秧田水稻2叶1心期和移栽时,如螺害严重隔10天再施药1次。可用10%蜗狙颗粒剂,每亩用量为400~500克,田间均匀撒施或拌细土5~10千克撒施;或6%密达杀螺颗粒剂,每亩用量为400~550克,田间均匀撒施或拌细土5~10千克撒施;或70%杀螺胺乙醇胺盐可湿性粉剂,每亩用60克对水20千克喷雾;或6%四聚乙醛颗粒剂,每亩400~550克均匀撒施;或用80%可湿性粉剂800~1600倍液喷洒。注意事项:施药时田间水层深1~3厘米,保水7天;施药后24小时以内下大雨就需要补施1次;杀螺剂对鱼类有毒,施药后7天不可将田水排入鱼塘,也禁止放养鸭子;在插秧后1天施药,施药后7天保持水层深3~4厘米。

此外,也可用2%三苯醋锡粒剂,用法是:每亩每次施用1~1.5千克,于栽植前7天施用,施后1周田水保持3厘米深。水温高于20℃,用15千克;低于20℃,可提高用量,但不得超过22.5千克。

十九、稻田杂草化学防除技术

稻田草害是影响水稻高产稳产优质的重要因素,化学除草具有快速、高效、省力的优点,是当前控制农田杂草的一项重要措施。稻田化学除草以预防为主,即防除杂草于萌芽期和幼苗阶段,把大量杂草消灭在耗费地力与影响水稻生长之前。

(一)稻田主要杂草种类

稻田杂草约有200余种。稻田常见杂草主要是稗草(图19-1)、千金子(图19-2)、看麦娘(图19-3)、鸭跖草(图19-4)、异型莎草(图19-5)、碎米莎草(图19-6)、空心莲子草(图19-7)、酸模叶蓼、早熟禾(图19-8)、水蓼(图19-9)。稻田杂草一般在播、栽、抛后10天(秧田一般5~7天)左右出现第一出草高峰,主要以禾本科的稗草、千金子和异型莎草等一年生杂草为主,发生早、数量大、危害重。播、栽、抛后20天左右出现第二出草高峰,主要是莎草科杂草和阔叶类杂草。

图19-1 稗草

图19-2 千金子

图19-3 看麦娘

十九、稻田杂草化学防除技术

图 19-4　鸭跖草

图 19-5　异型莎草

图 19-6　碎米莎草

图 19-7　空心莲子草

图 19-8　早熟禾

图 19-9　水蓼

(二)稻田杂草为害特点

水稻秧田、直播稻田和插秧稻本田均可发生草害。尤其是直播稻田和插秧稻田的草害更为严重。

①直播稻草害。杂草与水稻秧苗同步生长,且前期水稻秧苗密度小、生长势弱,极有利于稻田杂草滋生蔓延。直播稻田具有优越的光、温、水、肥条件,亦为杂草的滋生提供了良好的环境,杂草生长速度超过稻苗的生长,形成"欺苗"现象。稻苗生长矮小,甚至完全被杂草覆盖,稻田中形成大片草圈。

②移栽稻草害。采用抛秧、机插秧或手工插秧的水稻田,草害主要发生于水稻移栽后的生长阶段。稻苗移栽后返青至分蘖期,没有及时除草,导致水稻丛、行间杂草丛生,杂草与水稻争夺水分、养分、光照和空间,从而影响水稻的生长发育。稻株矮小、黄化、穗小,影响稻谷产量和质量。

许多杂草是水稻有害生物的中间寄主或宿主,成为水稻病虫害的侵染源。同时,杂草影响水稻的生长,削弱了水稻对病虫害的抗性。调查发现,存活于禾本科杂草的根组织内的潜根线虫是重要的侵染源;水稻根结线虫存活于稻田内外和灌溉沟中的油芒、早熟禾、光头稗、异型莎草等杂草根部,成为水稻根结线虫病的重要侵染源。

(三)稻田杂草发生规律

稻田杂草适应性广、生命力强。多数杂草既能生长在浅水中,又具有很强的耐旱力。稗草、莎草、千金子等杂草以种子繁殖,繁殖力极强,一株杂草可结数百粒至上千粒种子,其成熟一般要比水稻早,水稻收割前,这些种子就已纷纷落地。有些杂草还能利用茎节生根,无性繁殖。稻田杂草具有生态多样性,有广泛的传染源和传播途径。稻田杂草可生长于稻田,又能生于田边、灌溉沟、山坡、路旁等处,其种子可借风、水流或动物传播。因此,稻田杂草一旦失控,就能迅速生长和蔓延,对水稻生长构成危害。

（四）各类型稻田化学除草

由于化学除草省工、降本、易行、效率高，因此，水稻生产已基本采用化学除草。稻田除草按防治时期，可分为苗前除草和苗后除草；按稻田类型，可分为秧田除草、直播稻田除草、抛秧稻田除草、插秧稻田除草。根据稻田杂草的发生规律，在使用化学药剂除草时，要根据不同栽培类型稻田、不同草相情况，选用对路的高效安全的除草剂，适时用药，用足药量，均匀施药，以保证化学除草效果，确保水稻增产增收。

1. 水秧田化学除草

育秧田除稗草外，还有旱生或其他湿生型杂草，如马唐、牛筋草、鳢肠、藜、异型莎草和碎米莎草等。

（1）土壤封闭

在谷芽扎根后，杂草萌芽前施药，即播后2~4天，用30%苄嘧·丙草胺乳油，每分地10~12毫升对水均匀喷雾，施药后保持秧板湿润不积水不干燥。

（2）茎叶处理

秧苗3叶期后、稗草2~3叶期使用后，每亩秧田用36%二氯·苄30~50克，对水100千克喷雾。药前排干田水，药后1~2天浅水入田，并持水3~5厘米深5~7天，切不可水淹心叶。或在秧苗3叶期后，每亩地用50%二氯喹啉酸25~35克加水30~40千克，或用2.5%五氟磺草胺悬浮剂60毫升，排水后均匀喷雾，施药1~2天后灌浅水层，保水3~5天以上。晴天应避开中午用药，以免产生药害。

2. 大田化学除草

（1）水直播稻田杂草化学除草

水直播稻田杂草种类多，密度大，发生期长，危害严重。杂草发生高峰期通常在播后7~25天，长达20天左右。在药剂选用上力求广谱、高效、长效、安全。

选用高效安全除草剂是解决直播稻草害重问题的关键。经过项目近几年试验、示范，在种子浸种催芽（露白即可）直播种后2~4天（秧苗立针期），可选用下列除草剂（每亩用量）：30%丙草胺乳油100毫升、90%禾草丹乳油100毫升、20%苄嘧·丙草胺可湿粉100克，加水30千克，喷雾施药。喷药前排除田间积水，畦面湿润不积水（平沟水），喷药后1~2天复水，并保水3~5天，可一次性有效、安全地防除直播稻田杂草（稗草、千金子、鸭跖草、牛毛毡、异型莎草等单双子叶杂草）。

经第一次除草，部分田块杂草仍发生较重，可进行二次芽后（秧苗3叶至5叶期）除草。如禾本科杂草千金等发生重，每亩可用10%氰氟草酯水乳剂50~70毫升防除。若阔叶杂草稗草、鸭跖草、莎草等发生重，每亩可用20%双草醚可湿粉15克防除，对水25~30千克，均匀喷雾杂草茎叶，可有效控制直播稻草害。双草醚的用药时间有严格要求，要求在直播籼稻三叶一心之后使用，粳稻在四叶一心之后使用，水稻孕穗期禁止使用。双草醚使用要求温度在25~35℃，温度低于15℃效果不理想，甚至可能导致药害。

（2）常规移栽大田、抛秧与旱育稀植大田化学除草

常规移栽大田、抛秧与旱育稀植大田常用以下除草剂。

①双草脒。应在移栽或抛秧15天以后，秧苗返青后施药，以免用药过早，秧苗耐药性差而出现药害。每亩用20%双草醚可湿性粉剂12~18克，对水25~30千克，均匀喷雾杂草茎叶。施药前排干田水，使杂草全部露出，施药后1~2天灌水，保持水层3~5厘米深4~5天。

②五氟磺草胺除草剂。适用于水稻旱直播田、水直播田、秧田及抛秧、插秧栽培田，为稻田用广谱除草剂，可用于水稻大田和秧田防除稗草、异型莎草、节节菜、鸭跖草等杂草。一般可以在杂草2~3叶期每亩用40~80毫升药剂对水20~30升，喷施在茎叶上。用药前需注意排干水，且用药后24小时灌水，保持水层深度3~5厘米。持效期长达30~60天，一次用药能基本控制全季杂草危害。五氟磺草胺对水稻十分安全，任何水稻品种于2~3叶期（直播）喷施，对稻株高度、抽穗期及产量均无明显影响。五氟磺草胺对于温度无严格要求，在早稻低温时是较好的选择。

③氰氟草酯。对千金子、各种稗草（包括大龄稗草）高效，还可防除马唐、双穗雀稗、狗尾草、牛筋草、看麦娘等。对莎草科杂草和阔叶杂草无效。稗草2~4叶期，每亩用10%乳油50~70毫升，加水30~40千克做茎叶喷雾。防治

大龄杂草时应适当加大用药量。一般常规氰氟草酯在水稻1叶1心至2叶1心期使用。施药前要排干水，让杂草露出来，药后24~36小时后灌浅水层5~7天，提高防除效果。

④苄嘧磺隆。能防除一年生和多年生阔叶杂草及莎草科杂草，如泽泻、水苋菜、鸭跖草、陌上菜、节节菜、眼子菜、矮慈姑、巨型慈姑、异型莎草、碎米莎草、飘拂草、水莎草、牛毛毡等；对稗草也有一定抑制作用。移栽前后3周均可使用，但以插秧后5~7天施药为佳。每亩用10%可湿性粉剂20~30克。防除多年生杂草，并兼除稗草，药量可提高到30~50克。水层深5厘米时施药，保持水层3~4天，自然落干。总体而言，对稗草效果差，以稗草为主的秧田不宜使用，但可与杀稗药剂（丁草胺、杀草丹、二氯喹啉酸等）混用。

（五）稻田化学除草关键技术

目前，供稻田使用的除草剂品种很多，使用技术性强，为了有利发挥除草剂的药效和避免作物受害，在了解每一种除草剂性能和使用技术的同时，还要掌握以下几个关键技术环节。

1. 保证整地质量

保证整地质量是化学除草的前提。无论是秧田还是移栽大田或水、旱直播田，都要求田面耙得平整，以防高低不平而引起水稻药害，防治效果差。

2. 正确选择除草剂

要根据水稻栽培方式、杂草种类和水稻生长情况，正确选用除草剂，以提高稻田总体除草效果。同时要注意杂草对一些除草剂可能已产生抗药性。

3. 掌握适期施药

不论是旱育秧田，还是移栽、抛秧或水、旱直播大田，都必须适期施用各种除草剂，使水稻适宜使用除草剂的时期与除草剂能有效防除杂草的适期保持一致。

4. 称准药量施药

在施用除草剂时，用药剂量要准确，做到先算准面积后称药，防止药量过大使水稻产生药害，或药量不足而影响除草效果。值得注意的是，除草剂对温度比较敏感，在高温条件下使用除草剂，杀草力强，杀草速度快，但对水稻药害威胁也会增加，必须严格控制用药量，取用药剂量的低限。

5．均匀施药

在喷洒除草剂时，药剂与水要充分搅拌均匀，特别是喷施可湿性粉剂时，在喷药过程中还要注意搅拌，以免桶底浓度太高而引起作物药害。

6．做好药后管理

施药后的水分管理是提高药效、避免药害的重要措施。除草剂在土壤和水中均可移动，大田施用除草剂用保水的方法可使药剂在田中均匀分布。大田保水的要求是大田有约3厘米深水，时间5天左右，灌后不排，自然落干；秧田保水则需根据药剂种类和育秧方式来确定保水时间。此外，施用除草剂的稻田，要求10天内不要进行农事操作，以免影响药效。